地中海式
花园设计

（德）奥利弗·基普 著

杨 柯 译

长江出版传媒 | ⓚ 湖北科学技术出版社

目录

目录

南方之梦

地中海风情

托斯卡纳、西班牙南部或希腊，整个地中海沿岸都是欧洲的度假天堂。但如果在家里就能享受这一切，为何还要跑那么远呢？

几百年来，地中海地区的花园对中欧和北欧的人们来说一直有一种无法抗拒的吸引力。越过阿尔卑斯山到达南方的路，由于丰富的文化、艺术资源，也成为文化旅行者的必经之路。

意大利、法国、葡萄牙和西班牙风格多样的花园、公园和无可取代的自然风光闻名遐迩。南方的明亮天空，地表上波光粼粼的热气，还有蔚蓝色的海洋都令人惊叹！这些印象从古至今，如同一幅生动的油画，描绘出地中海的风景和花园。

实现你的度假计划

如今，这些天堂在我们所处的纬度上也变得触手可及。气候变化已经不可否认。而在很多地方，打造地中海式花园天堂的最大障碍——冬季的低温，也已变得不那么致命。然而，气候只是推进地中海花园天堂开发的决定因素之一。人们拥有真实度假氛围的花园的意愿，在近几年也变得更为强烈。

园艺商店里出售的材料多种多样，使打造地中海式花园变得更加容易，更重要的是，可以负担得起了。市场上提供的自然石、配件种类丰富，当然还适合当地种植的耐寒植物的种类不断增加，给每个花园园主都提供了可能。地中海式花园在寒冷气候条件下也可以从幻想变为现实！比如何设计地中海式花园这个问题更重要的是，要先弄清楚为什么想拥有这样一个花园。所以一开始就得做好研究，了解可以从一个地中海式花园中得到什么。这个问题之所以重要，是因为这种花园风格还相对比较新颖，会产生无数种可能性。

一开始就得提前认识到：这本书中提出的建议和设计实例并不是完全体现在种植修长的柏树和古老的橄榄树或者摆放陶制器皿这样的细节里。建造地中海式花园的大方向得先确定，然后才能为其寻找创意。这时，不仅仅是地面处理和众人皆知的比例规则的运用起作用，在当地生长期长的植物品种，也可以为地中海式花园的建造提供无限可能。

用花香实现地中海氛围，迷迭香是不二选择。

花园历史的新篇章

手捧这本书，你是不是因为非常想把地中海风情引入你的花园呢？也许你正筹划着把整个花园重新翻修或者准备只改造一部分——比如露台；也许你在花园设计的某些方面，如植物配置，倾向于地中海式风格。无论如何，如果想在花园里营造地中海风情，首先要寻找和确定方向。因此，我将地中海式花园分成3种类型：古典地中海式花园、现代地中海式花园和植物爱好者花园，这样能更方便地处理这些繁杂的主题。

典型的地中海式花园特别是古典地中海式花园不可能朴素而简单。如果缺少明确的分类，很多模糊的设计创意会被延伸而偏离了地中海风格。

在你着手开始执行你的计划，或者为此雇佣一位你信任的专业花园设计师之前，最好先了解一些关于地中海式花园的形成历史。这本书中的所有案例有一个共同点：无论它们是在英国、荷兰还是在德国被设计并建造的，但它们建造时参考的蓝本，在意大利、西班牙、葡萄牙、法国和希腊的近代历史中都是被人熟知的。本书介绍的花园都非常新，它们只是为园艺展览如著名的切尔西花展而建造的"样板间"。请记住一个事实，那就是在建造地中海式花园时，你会发现真正的新大陆。

想象力和看待花园历史的观点对现代地中海式花园的建造十分重要。地中海区域的花园就如同是古典收藏品中的艺术，至今我们还能经常看到这些代表作留下的痕迹。那些在建筑和雕塑领域扮演"冲锋陷阵"角色的希腊人，至今仍带给我们震撼，而罗马人做到了让地中海式花园成为当今的潮流。

打造四季皆宜的田园风景

在古罗马和古希腊，花园被打造得极度田园化。地中海地区气候温和，没有中欧的寒冬，使持续不断、没有实际休息期的轮作变为可能。和今天相比，那时人们很少种植观赏植物，更多的是种植农作物，以供食用。

对东方习俗的认识所带来的启发，使人们着迷于大花园，一些地方过去会通过造型灌木和矮绿篱艺术性地把大花园分隔开来。

雕塑、座椅、水池和喷泉装饰着这些花园。从农业用途的花园到典型的观赏花园的演变道路并不遥远，这与当时人们对建筑学的理解有很大关系。

一般来说，与地中海地区不同的是，在其他地方，很少有人拥有一座带花园的托斯卡纳式别墅。那么，必定会出现这样一个问题：是让房屋和花园在实用的基础上尽量统一风格，还是强调二者之间的区别。也许这

左图：位于普罗旺斯和西班牙南部的托斯卡纳，以其独特的地方色彩，吸引着众多的度假者。

三角梅浓郁的色彩是南方异国情调的一个缩影。

听起来非常理论化，但你最好还是在做计划前，认真考虑一下这些对于大多数专业设计师来说十分重要的问题。你不必完全像古罗马人那样做，也不必效仿专家，但要找到最适合自己的方式打造自己的地中海式花园。因此，先了解一下地中海式花园风格的形成历史是值得的。

营造气氛

在开始建造花园之前，你应当考虑想营造一个什么样的氛围。不要想着立刻就执行花园的建造方案，先列一个愿望单吧，再看看其中哪些可以实现，哪些需要以后再考虑——例如，可能超出了预算。创造力和细节上的设想会让你走向成功。

中世纪早期的阿拉伯人和摩尔人把非常新颖的东西以及信息带到了欧洲。通过对古罗马帝国大部分地区的征服，东方文化的影响一直蔓延至西班牙南部和西西里岛。就这样，伊斯兰文化直到14世纪都影响着欧洲的科学和艺术。安达卢西亚和科多巴翻译学校中的基督教、犹太教学者和翻译家帮助阿拉伯人开始运用古代的知识。这样才形成了古典时期和现代之间的桥梁，这便是当今人们所说的文艺复兴——古典文化的重生。

水是花园的生命之源

在地中海式花园史中，有一个地方特别重要——阿尔罕布拉（Alhambra），其名字本身就充满了神秘感。阿尔罕布拉是建造在西班牙格拉纳达山丘上的古老摩尔城堡。在防御城墙内，坐落着建筑群的大本营（阿尔卡萨瓦）、纳斯瑞德宫殿、查理五世宫殿及其他建筑。那里的花园——赫内拉里菲宫（El Genera Life）也同样著名，特别值得一提的是摩尔人先进的灌溉技术。在摩尔人的纳斯瑞德君主的夏宫，南欧最著名的东方花园之一赫内拉里菲宫中，还能非常清楚地看到。大理石水渠把水从远处的高山上，通过瀑布，最终引入花园中的喷水池。在中庭，也就是由一个长方形观赏水池、廊柱和亭阁组成的庭院内，我们可以看到地中海式花园的缩影。尽管这些花园是在1930年到1950年建成的，但当今的花园也很难超越它们。

这些花园虽然看上去十分奢华，却已经很明显地展示了古罗马人的居家生活向私人化的转变，开始打造天堂般的私家花园。

庭院的周围不断上演着故事。就在赫内拉里菲宫的下方，坐落着摩尔人统治者的城堡——阿尔罕布拉宫，其内院被设计为依次排开，狮子厅是这些庭院中最著名的一个，因12个石狮簇拥着的喷泉而享誉世界。

古典陶罐和橄榄树是非常典型的设计元素。

右图：阿尔罕布拉宫里的大花园经过几百年后依然是值得称道地中海式花园艺术中的典范，是一个灵感的源泉！

一个带小喷泉的水池在花园里具有装饰效果。

欧罗巴也跟随着东方古老的脚步

如果对地中海式花园感兴趣的话，可以从赫内拉里菲宫学习到很多东西。其单个花园空间的分割成了一种经典的形式，直到18世纪，在整个西欧文艺复兴和巴洛克式的正式场合中还频繁出现。而如今，即使是在非常现代的设计中，这种风格也能引起强烈的共鸣。

伊斯兰花园大多是由一个或一排封闭式的内院组成，里面分布着小道并种了少量的树木。如果想打造一个充满古典特征的地中海式花园的话，过去使用过的那些设施和设计中的元素依然不可缺少。利用彩色的马赛克地砖、喷泉或其他用水设施把脑海中的设计理念真正变成现实、生动的景象。这种活力很独特：活水的流动声和光影之间的嬉戏营造了一个舒适的氛围。

赫内拉里菲宫不只是在这方面起到了典范作用，它体现了摩尔人在15世纪远没有结束前在花园设计与建造方面就达到的高度，但是纳斯瑞德王朝却在1492年瓦解。

园艺界的典范

在欧洲的园艺史上，造园艺术首次把建筑、花园设计及其环境巧妙地联系在一起。东方的传统有一部分在意大利的文艺复兴和巴洛克时期的早期花园中得到延续。几百年以来，这些别墅花园对于观光者来说，代表了地中海式花园的一个巅峰。它们的规划遵从严格的几何学规律，并把古典风格的经典建筑和现代的轮廓结合在一起。那个时代的建筑师堪称全能艺术家。如果严格地按照对称性和比例规则建造了一座房屋，他们也会为了追求和房屋间的紧密联系，而一样严格地打造花园。但这不意味着我们就必须得遵循这些严格的原则来建造这样或那样原汁原味的地中海式花园。因为在15、16世纪，人们已经发现了对每个度假者来说十分重要的元素：自然风光！

无论在什么时候，地理位置都对私人住宅的建造起到决定性的作用。由于意大利和其他地中海国家有许多丘陵和山脉，所以拥有美丽风光的地方数不胜数。当然，在城市里或者在乡下都可以打造一个地中海式花园，但要记住：花园风格的发展体现了氛围对一个花园或公园的重要性，如何灵活地运用自然元素来强调氛围也就很关键。这种自然元

右图：向阳的露台让人想起某个希腊岛屿上的田园风光。可以看到，颜色的运用是多么的重要！

素或许是邻居家花园里的白杨树叶被风吹过的沙沙声，或者是早晨鸟儿清脆的歌声。和别的花园设计一样，地中海式花园设计要将一些分散的因素拼凑联系成一幅动人的画面。因此，可以在做规划前做一些记录，想想哪些东西在你看来对地中海氛围最重要。你可以从度假的照片中寻找灵感，网络也可以给你提供无数的选择。最好先把这些图片收集起来，然后按照建设的阶段将其分类。如果只喜欢这张图片里的一个细节，或是那里的美妙氛围，就标注出你最喜欢其中的什么元素。

摩尔风格：神秘的东方气息

也许你已经听说过摩尔人令人惊叹的造园艺术了，但你是否了解是什么造就了举世闻名的摩尔风格呢？你又是否知道摩尔风格建筑的哪些元素也能应用在当今的花园里面？当谈到摩尔风格时，人们通常会想到安达卢西亚——作为伊斯兰教、犹太教和基督教这三大宗教的大熔炉，它在文化和艺术上为欧洲提供了源源不断的营养。从这些宗教的发源地流传来的文化和建筑风格，在安达卢西亚融合成了一种全新的、独特的风格，在艺术史和建筑史上，人们称之为"穆德哈尔"风格，一种在11世纪出现的建筑风格。其起源和其建筑元素一样充满了神秘感，很难将这种风格归纳到某个具体的特定时期。"穆德哈尔"意为"那些可以留下的人"，指的是西班牙南部的第一批摩尔人，他们被基督教侵略者俘虏，但并没有被强迫信仰基督教。侵略者不仅在宗教信仰方面做出让步，也没有改变摩尔人的风俗习惯。但这些侵略者并不是无私的，阿拉伯人的科

如图中艺术喷泉这样的小细节，通过潺潺的流水声，使受到东方影响的摩尔风格富有生气。

学和手工艺在西方国家很受欢迎，因此，这些建筑手艺精湛的摩尔人被强迫修建了许多建筑物，例如宫殿、基督教修道院和教堂。如果想在花园里准确运用这种风格的话，应该稍微观察一下那些包含了所有装饰元素的摩尔风格建筑。由于哥特式和罗马式建筑风格在安达卢西亚融汇在一起，作为"砖结构罗马式建筑风格"被载入历史。这种风格最典型的特点就是喜欢运用非常简单、明亮的材料：石砖、木材、石灰还有石膏，还有今天我们模仿得非常多的彩色瓷砖。并且，沿袭了伊斯兰建筑艺术，经常使用碎裂的陶瓷拼成马赛克瓷砖。这也是变化多端的地中海式花园的一个特点：在装饰中表现色彩。其实，地中海式花园的设计大可不必受到托斯卡纳风格的限制，完全可以从其他建筑风格中吸取养分而把它变得丰富起来，这对于雕

花园里典型的摩尔元素

元素	用法
圆形拱门	适用于花园小屋、入口和花园大门。用木材和砖制作的效果尤为显著。
马赛克瓷砖	好看的墙饰，也可用于桌面或地面（防冻）。可以用碎裂的旧地砖自己制作。
石质带状雕刻	适合用作墙饰。

拱形和瓷砖马赛克使一个小小的内院变成《一千零一夜》中的场景。盆栽百合和天竺葵修饰着整个画面。

安达卢西亚的石雕作品展现了东方的古典图案。典型的星形与花形的装饰元素对称排列，形成了鲜明的对比。

塑性的装饰也适用。现代的带状雕刻工艺品可以装饰花园围墙、石椅和房屋。

宫殿与现代风格的结合

如果你喜欢摩尔风格，可以在花园或房屋的入口处设置一个典型的摩尔风格的马蹄形拱门，在花园小屋或亭阁上运用摩尔式的木质窗栅，效果也会十分突出。可惜这类建筑元素如今已经很少大批量生产了。不过不必担心，你还是可以靠自己的双手以及一些能工巧匠的帮助在自己的花园里重现摩尔风格。

要了解摩尔风格，并不需要认真研究建筑史当今，人们在许多建筑特别是观光性建筑上以不同的建筑材料和建造方式大量地运用这种风格，而一部分已演变得极具现代感。一些富有东方风情的宾馆和度假设施可以提供许多在家中也可以轻松模仿的摩尔风格装饰范例。

此外，颜色也是完美呈现摩尔风格的重要元素。典型的摩尔风格建筑中常常出现黄色、绿色以及亮蓝色的组合，其中，在瓷砖和家具上尤为常见大量蓝色的运用。这些明亮的颜色给泥土色调的地中海建筑带来了强烈的色彩对比。这种在摩尔风格建筑中常见的亮蓝色是通过一种复杂的发酵过程从靛蓝中提取而来的，可谓是摩尔人的宝贵遗产。将亮蓝色的马赛克瓷砖作为特别的花园装饰会让花园显得十分高雅。

历史的印迹

1 石阶 石阶在16、17世纪早期的意大利别墅花园里经常可以见到，它们经常通往人工建造的洞穴或者其他神秘的角落。自然石阶在现代花园里可以给人奢华的印象。

2 薰衣草 薰衣草等香草或石蚕香和黄杨组成的边饰可以用在每个正式的花园里。这种传统延续了好几百年。这些植物都较耐寒，而且用途多样。

3 雕塑 雕塑在历史悠久的花园里一直都非常重要，花园的建造者利用雕塑来表达某种特别的思想。而如今，石雕或陶制雕塑往往只是一种装饰。

4 拱廊 拱廊和树荫把道路装扮得十分有趣。可以用凉亭或者树篱围绕在道路两旁，或者像图中一样在道路两旁种上不寻常的造型柏树。

5 露台 带栏杆的露台将花园和房屋巧妙地衔接在一起。在造园历史悠久的地方，露台被打造得非常具有代表性。实际上，这些露台在当时就已经预示了花园休闲区将会在未来成为潮流。

6 小亮点 壁画和观赏喷泉这样的小亮点，是古老的地中海式花园中令人眼前一亮的元素。从这些丰富的元素里，可以得到无数的启发；如图中铺满瓷砖的背景墙前方的喷泉池（藏在芦荟后面），就是一种典型的摩尔风格。

迈向未来！

东方对西班牙南部和巴利阿里群岛的影响从来就没有中断过，一直延续至今。而法国和意大利的花园建造者早在14～15世纪就对西方的思想和行为习惯产生了强烈的兴趣。文艺复兴开启了人们对古罗马和古希腊的回忆。古典时期传统文化的复兴，激起了人们对古罗马和古希腊的考古兴趣，并掀起了收藏古典艺术品的又一个疯狂浪潮。在意大利文艺复兴时期的别墅等建筑

这种可以俯瞰风景的亭子被称作凉亭（Gazebos）。

及其地中海式花园中，可以找到古代设计师们留下的印迹。

16世纪中期，学者开始了对古代建筑的探索，这是巴洛克时期的初步阶段。巴洛克式建筑和花园的构造、特征都建立在文艺复

兴的蓝图之上。和法国古典的巴洛克式花园不同，地中海地区的巴洛克式花园以古朴、典雅见长。当阿尔卑斯山以北地区对花园设计艺术的探索再一次发生根本性变化的时候，地中海地区却仍在坚持从文艺复兴时期延续下来的传统。

地中海地区美不胜收的自然风光，数量庞大的古老遗迹以及建筑与花园之间紧密的联系，使英式花园无法在地中海地区生根。当然，地中海地区也有花园爱好者打造的仿英式花园，与18世纪至19世纪晚期的英式花园有极其相似的地方。但这些仿英式花园却不是真正令人印象深刻的自然花园，因为花园中的一切甚至是每棵树的摆放位置这样的细节都是经过精心规划的。

走进现代世界

到了20世纪，古典地中海式花园开始大踏步地向着现代化风格迈进。现代的设计、立体化和整洁的外形都是地中海地区的造园艺术在数世纪以来的变迁中所自然形成的进化。因此，多种地中海式风格共存于当今这个时代。为了帮助你选择适合自家花园的风格，我把花园归成了3个类别。古典地中海式花园、充满创意的植物爱好者花园以及现代地中海式花园都在等着你！此外，本书还会教你如何轻松克服气候和地理位置给打造地中海式花园带来的巨大挑战。

右图：笔直、细长的柱形柏松和一尊古典雕塑组成了一个典型的意大利文艺复兴时期风格花园。

碎石花园是许多植物爱好者的最爱。它仿造了地中海地区的环境条件，所以特别适合许多耐旱植物生长。

3种类型的地中海式花园

从前面的介绍中可以看出：地中海式花园是不同时期的园林和文化的融合发展，从受到古老东方古典花园影响的花园，到文艺复兴时期的花园再到现代地中海式花园，最后形成我们现在常见的3种花园风格。尽管有着悠久的演变历史，不同类型的地中海式花园在形式、元素、材料和色彩上都有很强的延续性。如果想应用地中海式花园的设计创意，有3种不同的设计路线可以参考：古典地中海式花园、现代花园和植物爱好者创意花园。打造哪种类型的花园主要取决于建园者的喜好。

古典地中海式花园

如果你想把花园打造得富有古典特征，高雅、低调的色彩和严格、规则的几何划分都很重要。精心修剪的绿篱、低矮的镶边植物和造型的树木可以给人带来秩序感。

凉亭、屏风墙和台阶这类设计元素对花园风格也起着重要的作用。这些具有代表性

> **提示**
>
> 如果利用那些富有特征的材料和颜色打造花园的话，最基本的地中海风情就很容易实现了。而植物的选择和种植只是让花园向地中海风格又迈进一步。

越来越多的人希望把花园变成住宅的延伸和扩展。现代设计创意将地中海地区的生活氛围记录下并发展为非常特别的造型。

少量的植物、古典的装饰元素和纯朴的色调标志着这是个古典的地中海式花园。

的花园适合于完全不同的用途：不仅是可以令人放松的地方，也可以举办时尚的花园派对。雕塑、陶罐等古典饰品的应用，也可以从古典地中海式花园中得到借鉴。

现代地中海式花园

从古典地中海式花园发展而来的现代地中海式花园，设计中有许多共同之处。古典花园中起空间划分作用的造型灌木也经常出现在现代地中海式花园设计中，但是像大型古堡花园中古老的黄杨造型就很少再应用了。清晰的设计思路是实现和谐的整体效果的基础。现代建筑材料如不锈钢、混凝土和玻璃的运用也会产生特别的效果。在现代地中海式花园中，不必再拘泥于色彩的运用：色调浓烈的屏障、超现代的设计和表面材料闪闪发亮的家具都可以运用。总的来说，这种花园风格适合走在时尚前沿和喜欢与众不同的人。植物的种植对现代地中海式花园来说，也是一种挑战，应尽量选择装饰性强、外形可以形成强烈对比的植物品种。

爱好者花园

一切能给人带来乐趣的东西，植物、艺术品等都可以收集并巧妙地组合在一起。这是构成爱好者花园设计理念里最重要的因素。爱好者花园既可以美得让人窒息，也可能会令人感到荒谬。但它永远是花园主人用所有的热情创造出的独一无二的成果。

古典地中海式花园

清晰的线条、温暖的色彩和整齐的植物，这就是人们印象中经典的地中海式花园——充满永恒的美与高雅。

光是"地中海"这个词就能带给人许多想象：普罗旺斯或者托斯卡纳阳光充足的住宅，开满鲜花、严格对称的花园以及一眼便能望见的蔚蓝色大海。古老的拉丁名词"*Mare Mediterraneum*"（地中海）不只是代表了花园的设计风格，更是变成了轻盈和生活乐趣的代名词。古典地中海式花园与我们的花园有很大的区别，例如，一个被大地色的高墙遮挡的小小内院，四周盛开紫藤，又如一个放置在圆形水池边缘的星形座椅，都是十分具有代表性的古典地中海式花园风格。

将广阔的世界浓缩在花园里

什么才是古典地中海式花园？我们可以看看这些经典花园的故乡——地中海地区。这些花园主要借鉴了许多地中海地区古典的景观元素，因此被归类到古典的范畴。地中海地区范围很广：从希腊到西班牙，从北非南部到阿尔卑斯脚下的意大利和法国的阿尔卑斯山脚下，它们的海岸线都相距上千公里。地中海将欧洲、亚洲和非洲连接在了一起。

尽管地中海地区范围很广，但在气候、地理和文化方面仍然展现了极大的统一性。例如，在这些地方的海岸边都可以看到闪烁着微红光芒的陡峭岩石。从利古里亚到安达卢西亚的沿海地区，园艺家们都因为地中海地区温和的气候而感到高兴，但也会抱怨炎热的沙漠风暴以及会给一些植物带来危险的刺骨北风，如法国的密史脱拉风或是意大利的屈拉蒙塔纳风。钙含量高但营养贫乏的黏质土壤使整个地中海沿岸只有非常稀少的植物品种可以繁茂生长。说到地中海区最著名的人工驯化植物，莫过于前文提到过的葡萄和橄榄树。在历史的长河中，多次受到东方文化的影响，通过海路迅速传播到殖民地。花园的建造也是一样的。因此在整个地中海区域，从农业到建筑，再到造园艺术上，我们都可以看到希腊、罗马和阿拉伯文化带来的影响。特别是花园设计的艺术，起源于东方的文化和那些特别的景观元素经过多个世纪，融合成为地中海地区所特有的风格。当今，从托斯卡纳一直到法国的蓝色海岸，从巴利阿里群岛再到安达卢西亚，我们都可以发现这种古典地中海式花园风格。

法国薰衣草（*Lavandula stoechas*）是经典地中海花卉中最受欢迎的代表之一。

从橄榄林到地中海式住宅花园

梯田是古典地中海式花园里最典型和突出的标志之一。地中海沿岸地区最令人印象深刻的还是这里的丘陵地形。和两千多年前一样，如今普罗旺斯、托斯卡纳和伯罗奔尼撒地区的农民为了能够种植橄榄、柑橘和葡萄仍然将土地耕作成不同高度的梯田，一方面有助于在斜坡上进行耕作，另一方面可以使地中海地区十分宝贵的雨水更容易渗透——无改造的斜坡会使大部分雨水未加利用就淌走。由于气候原因，在地中海地区，不需要人工灌溉的花园是不存在的。因此，早在古罗马时期，人们就建造了水渠和水井。在摩尔人统治西班牙期间以及文艺复兴时期，这些最初作灌溉用的水渠和水井被改良成至今依然在无数花园里运用，令人惊叹的样式。充满艺术性的水池和华丽的石制喷水兽从那时起也就和水渠、瀑布、水梯等一样成了花园中的必不可少的景观元素。作为景观元素运用的喷水兽不仅可以用于灌溉或冷却等实际用途，更多的是展现了视觉和听觉方面的背景衬托效果。水渠则再次凸显了几何状的划分。这些景观元素既适用于地中海式的台地花园，也可以用在平地上的普通花园。不同元素如植物、围墙、阶梯、雕塑、水池、小路以及空地组合在一起时，大小不是重点，比例才是关键，适当的比例才能使这些元素达到和谐地交织在一起的效果。有些建筑元素，如阶梯、支撑墙、栏杆、凉亭及拱廊也同样非常典型，并且在当今的许多私家小花园中依然非常受欢迎。如果可能的话，这些元素要尽量和住宅在形式特征、色调和材料上保持统一。随着了解的深入，你会发现，一个古典的地中海式花

园实际上和现代花园有许多相同之处。

亲自体验和享受向往之地

通过单个充满设计感的细节的打造，最初的古典地中海式花园严谨的基本形式被一再打破。如墙面和地面的马赛克瓷砖、充满装饰性的喷水兽或者开着少量色彩绚丽花朵的盆栽植物。你可以进行季节性的调整，通过简单的设计可以让花园在四季呈现出不同面貌。

颜色的使用起到了决定性的作用。在整个地中海地区，暖色调的橙红色占统治地位，这些色调不仅占据了整个地面，也常常会出现在房屋的墙面上。与之形成鲜明对比的是常绿植物的绿色，屋顶和墙面上粉刷的白色、蔚蓝、黄色之类强烈的色调。形式和设计在比例和色彩、上所达到的平衡关系，正是地中海式花园令人着迷的原因之一。

古典地中海式花园比其他地方更能满足人们在户外打造居室的愿望：身在其中就会令人想起在空气清新的地方度假和游玩的回忆，如果你想实现在自己的庭院里体验和感受地中海地区充满乐趣的生活的话，打造一个地中海式花园就是不二的选择。莱昂纳多·达·芬奇、彼得·保罗·鲁本斯、巴勃罗·毕加索、亨利·马蒂斯或保罗·塞尚这样的艺术家都尝试过将地中海地区的阳光、生活感受、情调和色彩捕捉到他们的作品当中。要实现这些不必非得是个艺术家，你也可以在自己的花园里做到！

用黄杨绿篱划分而成的镶边草坪让人想起文艺复兴时期意大利和法国花园的分割形式，对小型的私人花园来说是个很好的范例。

提示

接下来请收集你对打造花园的想法，比如是否需要喷泉或者一座凉亭等细节，最爱的颜色及喜欢的植物。多看看地中海地区的风景照，那些广场和小巷会给你带来很多灵感。慢慢地，一个地中海式花园的大致图像就会浮现在你的面前。

经典的空间分割法

当你在探寻是什么造就了经典的地中海花园——这个令人兴奋的问题的答案时，就会一次又一次与空间布局和表面处理打交道。实际上，地中海式花园的结构很简单：基本框架大多建立在像长方形、正方形和圆形这样不同的几何图形的组合之上。此外，还会运用在古希腊、古罗马和摩尔文化中有着重要象征意义的贝壳、星星和太阳等元素。仔细看看西班牙南部、法国普罗旺斯或意大利托斯卡纳的那些著名花园的平面图，你会发现这些花园都是由一个个景观元素按照几何图形依次排列组成，它们往往被一个中心轴连接在一起。这个中轴可以

一个古典花园里严格对称的空间分割就正如上图所示。

以一条道路或一个水池等视觉中心的形式存在，也就是说，我们可以用一个喷泉池或者一条笔直的小路来作为花园的中轴，也可以在花园的尽头设置一个可以让人们把目光集中在上面的视觉参考点。

通过精心摆放一个雕塑、设置一块休闲区或者孤植一棵株形优美的大树，都能够吸引人们的目光驻留，从而成为花园的视觉中心。

由于在地中海地区经常会碰到有坡度的地块，因此把中轴设计成一个位于中央的阶梯和喷泉相结合的形式并不少见。地中海式花园的空间布置通常是轴对称的，花床和道路都是对称分布的，就像我们在修道院花园或是农园里看到的一样。

古典地中海式花园常用墙壁或常绿植篱作为边界，对于今天的我们来说特别有吸引力，因为它作为一个亲切、封闭的花园空间，满足了人们在花园里拥有一个私密的个人世界的愿望。挡风的柏树和月桂树在这里长成了富有艺术性的雕塑。中欧地区可以栽种金钟柏和耐寒的桂樱品种作为花园边界，在不太冷的地区甚至可以种植真正的地中海柏木（*Cupressus sempervirens*）和葡萄牙桂樱（*Prunus lusitanica*）。

绿篱和围墙在地中海地区不仅可以遮挡寒风和沙漠风暴的侵袭，还能提供受欢迎的遮阴处，还有一个重要作用——遮挡视线。通过富有特色的植物的帮助，一些空间在精心布置后，就会变成一个露天的地中海式花园。缩小建筑物的范围，并打造一个带有南部风情的绿洲吧，可以带给你在地中海度假的感觉！

右图：小小的庭院内，壁泉把人们的视线往精心设计的花床吸引过去。

一个中型地中海式花园范例。中心位置的水池中间伫立着一个现代的艺术喷泉。

不怕空间小

和那些著名花园的拥有者不同，大多数人不可能拥有如此宽敞的空间来打造具有极佳景色的花园。但这不应该让你停下追寻地中海式花园梦想的脚步，你也可以向前人学习打造小空间花园。例如地中海一处住宅的内院，四面被建筑物或墙壁包围，从而形成了一个小小的庭院。这样的庭院也可以用专门的屏障来打造，这些屏障不需要一个非常牢固的地基，却可以给人带来私密的生活感受。花园面积越大，可以通过墙壁、绿篱或凉亭划分出的空间就越多，这些单独的空间可以按照单独的主题，如水、香味或颜色进行划分，打造不一样的观感。

这些庭院内部空间的设计，可以像室内设计一样。空旷的地方可以用浅色的沙砾、自然石板这类自然材料，或者用充满艺术性、色彩丰富的马赛克地砖铺设，以供观赏、休憩。这些空间也可以用设计规整的花床、水池或水渠进行隔断。古典地中海式花园的设计可以发挥你无限的想象力。更换地面铺设就可以创造出不同的可能性。你还可以通过雕塑和大型地面摆件、花园家具以及组合盆栽来充实花园的布置。这些元素易于重新摆放，因而可以满足花园空间不断变化的使用需求。例如，如果你想举办一个花园派对，不用费多大工夫就可以在花园中挪出一大块空地。因此，这些便于移动的景观元素非常实用。

花园基本框架的建立

仔细观察将要打造花园的地方，对于古典地中海式花园的规划很重要。选址的方位和大小对于花园的设计至关重要。

❧花园选址在山坡上还是平地上？过于平缓的地形不适合打造古典地中海式花园。地势的高低差可以用围墙区隔，从而形成独立的花园空间，从而丰富了花园结构的多样性。如果地势较为平缓，也可以通过人为的方式打造地势差，如下沉的休闲区。

❧花园的大小、位置以及以后的用途对于古典地中海式花园的划分起到决定性作用。充分考虑这些因素之后才可以决定是否将花园划分成多个空间。建议在规划初期就要确定中轴和视觉焦点的位置，使房屋、花园之间能够相互关联。

右图：你也可以在家打造一个缩小版的经典拱廊。

✤古典地中海式花园中最具代表性的元素非五彩斑斓的墙面莫属。但在开始建造之前，你得了解清楚，这是否适合你的选址。在常绿的绿篱边，建爬满藤蔓的凉亭也是一个很好的选择。住宅侧屋可以和花园融为一体，再刷上一层彩色油漆，地中海气氛就会在你的花园里油然而生。

植物的选择

花园的效果很大程度上受植物影响。这是因为花园主要是由鲜活的植物组成的，植物是最富有感情色彩，可以直接对我们产生吸引力的元素。适宜的气候和土壤环境，给地中海地区的自然植被创造了良好的生长环境。这样的画面或许给你带来灵感：春天，山坡会在金雀儿的铺盖下散发出金黄色的光芒。在那之后，从意大利到西班牙，盛开的鸢尾、夹竹桃和薰衣草会让访客们感到欣喜万分。地中海地区从两千多年以前就开始栽培的橄榄树和藤本植物，在中欧也可以茂盛地生长，但在寒冷的地区，橄榄树必须放在温室里才能过冬。月桂和黄杨也是经典的地中海植物，它们皮革质感的叶片可以使水分蒸腾最小化，从而可以让它们安全度过炎热的酷暑。此外，许多地中海植物常带白色茸毛的浓密叶片，可以反射阳光、耐受酷热。地中海地区的许多植物种类都会在夏季进入休眠和生长间歇期。绵毛水苏和大蓟是地中海地区花园里大名鼎鼎的常客。植物总是能够很好地利用大自然赋予的特性来对抗不良的气候条件。

受欢迎的花园常客

在历史的长河中，地中海地区受到了不同文化的冲击，这给地中海式花园的植物景观也带来了一些影响。

如今在古典地中海式花园里必不可少的植物，例如冬青栎或地中海柏木，就是当时的罗马和波斯人引入的。酸橙、无花果和海枣（以及在地中海区域较普遍的加拿大海枣），都是通过阿拉伯人才普及开来的。欧洲的航海家用富有异国情调的植物如三角梅、龙舌兰和桉树使地中海植物种类变得更加丰富。

我们现在所指的经典地中海植物，实际上是经过几个世纪，通过不同的途径被引进到地中海地区并逐渐适应这里的环境条件，存活下来的植物品种。

位置很重要

为了在花园里也能打造地中海氛围，选择适宜的植物最为重要。许多地中海地区的

植物不耐中欧的严寒，包括各种柑橘类植物，如橙子、柠檬、夹竹桃和月桂，以及那些以地中海地区为家的海枣或欧洲矮棕等棕榈科植物。其他典型的地中海植物如薰衣草、黄杨、金雀花或金莲花、毛蕊花、景天、硬叶蓝刺头、大戟以及麝香、鼠尾草等许多香草植物都可以在中欧生长。这些植物大多都需要阳光充足的位置和钙质含量高、排水性好的土壤。在充满古典气息的地中海式花园里，常绿植物往往成为花园的主体。可在中欧生长的大多数耐寒品种也能耐受碱含量高的土壤。起划分空间作用的绿篱和灌木丛，作为花床的界限，塑造出花园的形象。上面提到过的些地中海草本和木本植物也可以用这些

提示

适合古典地中海式花园中的植物品种繁多。可以在自己的花园里限制一个种植主题以缩小选择范围，例如特定花色的植物，或是具有特殊芳香的植物，外观富有异国情调的多年生植物等。

易管理的植物如蓝花荻、互叶醉鱼草、大叶醉鱼草、有髯鸢尾、距药草、马其顿川续断等替代。

这个花园是古典地中海式花园的一个特殊"反例"。植物在正式的花床中生长繁茂，就像在大自然中一样和谐。

享受南方的芳香

古典地中海式花园中的另外一种固定景观配置是爬满三角梅的凉亭和拱廊。由于三角梅不够耐寒，也可以用葡萄、紫藤以及异国情调的厚萼凌霄打造地中海氛围。当然也可以用盆栽植物丰富种植品种。不耐寒的地中海植物可以用木制、塑料、铅皮或陶制的花盆盆栽。植物色彩鲜艳的花朵、果实和异国风情的叶片使画面变得更为丰富，它们需

要在5～10℃、光照充足的地方越冬，许多苗圃为盆栽植物提供专门的越冬服务，这样你就可以省去很多麻烦。橄榄树、新西兰麻、丝兰和棕榈树都轻度耐寒。

经典家具

还有什么事会比布置一个新房间更让人幸福的呢？古典地中海式花园中的家具为花园布置带来了无限的可能性。无论是小巧的露台花园还是大气的内院，都在花园的布置上展示出地中海地区特有的生活乐趣和文化。直到文艺复兴时期，大批优秀的历史建筑都给地中海地区的造园艺术带来影响。在古典地中海式花园中我们会发现像水井、拱门、喷水兽、圆柱或者古老的植物容器这样具有历史气息的建筑元素，这当中的许多元素在我们的花园也可以运用。例如自然石材、金属或陶土质地的高品质仿制品，也可以利用在身边容易买到的建材打造像拱门和砖砌长椅这样的单独元素。用旧石

砖和石板铺设的地面和马赛克墙面就是一个好例子，会让人想起西班牙的摩尔式花园。在这些特别材料的帮助下，地中海式花园与众不同的个性被进一步突显。仔细地筛选花园家具尤为重要，只有这样才能使花园在风格上取得统一。将日晷、雕塑、充满艺术性的铁艺门窗、格栅与铁艺桌椅搭配在一起，使独特的花园配置变得丰富多彩。

南方的色彩

除了家具的选择，颜色也是选择植物时重点考虑的因素。只要发挥一点点想象力，你就可以把花园中作为边界的小屋或围墙变成地中海风格。色彩起到的作用是惊人的。一个刷成橙红色调的墙面可以立刻营造出温暖、热情的氛围。除了经典的大地色调，常

与白色及温暖的大地色组合在一起的色调大多为鲜艳的蔚蓝色和洋红色。强烈的色彩被运用在细节上时效果会更明显，例如改变花园家具局部的颜色以及增加靠枕色彩都是经典的地中海式花园中惯用的形式。除了细腻的金属家具，砖砌的长椅或木质长椅也可使家具的配备变得充实。典型的地中海式花园的休闲区往往设置在爬满攀缘植物的凉亭或宽大的屋檐下方。精美的金属亭阁如同旧木屋一样，成为花园中的焦点。带顶门廊在南方夏季主要起到遮阳的作用，而在雨季则成了受欢迎的避雨空间。因此，必须从建园一开始就做好计划。

水的多种创意

水是经典地中海式花园里最重要的元素之一。因此，水景在这本书里占了一个单独的篇章，你可以从第150页起找到充满创意的水景设计方案。水用潺潺的"细语声"和我们的灵魂产生共鸣，同时可以让我们感到平静而又充满活力。

水景往往会形成一个小花园空间的中心。经典的花园水景元素包括石井和设计规整的水池等。休闲区边缘升高的规整水池是在小花园里打造水景的有效方案。当水池靠围墙时，可以把其和造型喷泉结合在一起，小型壁泉也是不错的选择。规整的水池和水渠之间的连接应是通畅的。

规则的水池像一个古老的遗迹，被一条细小的水沟供养着。

最初在阿拉伯人的花园里用作灌溉的水渠，在地中海式花园里发展成为了独立的景观元素。

今天，水景以各种各样的形式出现在世界各地的花园中，从简单的水道到壮观的人工瀑布和水梯都应有尽有。水池、水渠和喷泉被充满艺术造型的、金属或石制的喷水兽装饰得丰富多彩。

原创而非还原

你是否梦想拥有一个完全独一无二的花园天堂？那有着无限布局可能的经典地中海式花园就是理想的解决方案。与其完全模仿意大利、西班牙、希腊或法国的花园典范，不如发挥你的无限想象力，根据自己对于地中海式花园的理解来自己设计打造。你的花园布置就会有无限的可能，也会是独一无二的。

左图：一个攀爬着紫藤的凉亭由四根石柱撑起。紫藤需要牢固的支架。

花园中的细节

1 精美的座椅　座椅在这里被赋予浓厚的历史气息，其爱奥尼亚式的靠背，在地中海式花园里显得很和谐，优雅的外表下，也体现出休闲和轻松感。

2 有趣的细节　有趣的细节在花园里能营造氛围。蓝色的墙壁、白色的铁艺窗与三角梅紫红色的花朵三者形成美妙的对比。这株盆栽的三角梅在夏天可以这样摆放，好像原本就在此生长一样。

3 双层喷泉　喷泉是古典地中海式花园中的高级水景元素。作为规则式花园的中心非常理想。

4 特殊造型的壁泉　壁泉安装在车库会十分有趣，给花园带来不一样的变化。图中将一个非常特色的面具壁泉和一个圆形水池组合在一起。这样的壁泉不放水也非常吸引人，也可以在水池中放一个雕塑或其他类似的装饰。

5 柠檬和橙子　柑橘属植物在大型陶盆里栽培是完全没有问题的。如图中所示，这些大型盆栽作为屏障将花园区域划分开来。遗憾的是，这些植物不耐中欧的严寒，所以冬季必须搬到不结冰的空间里越冬。

哪儿是花园的起点，而住宅的尽头又在哪呢？地中海花园中，花园与住宅的这种过渡十分流畅。虽然这里有南方的感觉，但是所有的元素都适用于我们的花园。

住宅和花园：永远是统一体？

也许有人会说，地中海式花园属于地中海。每个国家、每个地区都有自己的特征，都是独一无二的。一个地区的特征不仅体现在建筑风格上，还体现在地形的运用以及花园的塑造上。经过几个世纪的演变，地区特征就渐渐与气候、地形、政治以及经济等因素联系在了一起。因此，你是否会有这样的疑问：我们是否可以在其他地方建造地中海式花园，特别是在建筑风格和地中海地区的区别甚大的地区。会不会因为我们在自己的庭院建造了地中海式花园，而使自己地区的花园文化消失，而使自己的国家失去自己的特色？不必过于担心，我们可以在对页展示的一个地中海式花园中，看到

不同的文化之间是如何擦出火花的。而最终我们所处的时代也会成为历史，所以让我们给花园稍微增加一些变化吧！

住宅和花园风格更统一？

人们针对地中海式花园也会提出这样的问题：它是否必须和住宅保持风格统一，还是两者可以保持自己单独的风格？答案是：没错，完全可以！花园是我们可以活出希望和梦想的最后一块自由空间，这正是花园的魅力所在。如果规划得好，它可以和我们的灵魂产生共鸣，无论是现代、传统还是地中海式的——我们都拥有自己打造它的自由，人有多么独特，花园就可以多独特。事实上，没有一个作为私人空间的花园采用完全统一的规范化风格样式。只要你喜欢，什么风格

统一的花园和建筑风格在阿尔罕布拉宫中展现出它们最美的一面。图中，周围的环境与花园融为一体。

当你把小型花园打造成封闭的地中海空间时，就像图中这样——一个自己的小世界建成了！

都可以！其他地区的地中海式花园永远和地中海地区的花园完全一样，因为缺少地中海的明亮光线和大海的广阔景色。然而，我们可以从这种特别的感觉中抓住一些东西，地中海式花园在其他的纬度上会显得更独立，更与众不同。就像是邻近花园中的"外地人"。当然也可以通过对房屋的结构、色彩或材料的重新诠释，让住宅和花园联系在一起。一个自然石建造的传统农舍的或带彩色百叶窗的现代住宅也可以让人联想到南欧的建筑风格。如果住宅和花园之间无法建立联系，就应该作为单独的区域处理。藤蔓凉棚或灌木丛可以遮挡房屋并将部分视线拉回到花园，起到视觉隔断的效果。独立的墙面、绿篱或亭阁也可以把花园划分成单独的空间，从而把来宾的视线更多地转移到花园空间内部的细节上。

微型冒险世界

地中海区域的花园常常用视觉轴和特别的视觉中心强调花园和地形之间的联系，但这在阿尔卑斯山以北的地区却很难做到。因为它们的地形、自然景观、城市风光都存在很大的差别。这就要求通过围墙或绿篱打造更明显的界限，使花园空间更独立。这样进入花园就会成为一次度假之旅。带着这样的目标，让我们踏上揭开地中海式花园神秘面纱的旅途吧。

现代地中海式花园

现代、前沿的设计和地中海式的景观创意以非常自然的方式起到互补作用，地中海风格的明亮基调在这些设计中得到了充分体现。

花园在当今必须能够满足各种需求，它们不仅仅是为了美化居住环境或作为重要的展示对象。花园也可以实现我们心中对美好的向往。因此，设计对花园的建造非常关键。然而，如今"设计"这个词语已经变得泛滥，似乎一切看似时髦的东西都与"设计"有关。

很遗憾，许多人听到"花园设计"就会联想到整齐的线条，以及为了满足日常生活而牺牲创意的花园风格。

老花园，新创意

随着时间流逝而产生的现代花园设计，在地中海区域也有悠久的历史。这里的人们一直热衷于研究新的花园设计创意。在摩尔时期，有着重大意义的现代花园设计开始兴起。由此可见，这种现代主义的花园风格实际上是从中世纪随着西班牙南部的摩尔式花园和20世纪前半段的近代花园设计延续并演变而成的。其中，一个在当时看来是革命性的花园设计到了今天依然是一个经典的范例，

那就是1923年建成的立体花园——依荷地区的诺埃耶别墅（瓦尔河，普罗旺斯–阿尔卑斯–蓝色海岸）。加布里埃尔·盖佛瑞康创作的著名三角形混凝土和玻璃花园一直到今天还以设计师对面积和空间前卫、时尚的独到见解吸引着人们造访。

但这些富有艺术性的花园有一个弊端：只适合观赏，不适合居住。如果我们希望花园能美化我们的居住环境，提高我们的居住舒适度，这样的花园不能作为值得模仿的范例。当然，这些创意花园并不是以让主人度过美好的休闲时间为目的而建的。在地中海区域，现代住宅的设计在过去的几十年间对花园设计的影响也变得越来越重要，一方面是由于许多富人在蓝色海岸和其他的梦幻海滩上建造了他们的度假别墅。另一方面，气候条件决定了我们也可以在户外运用室内规划的相同规则。这是现代地中海式花园中一个重要的特征：它是住宅向户外的合理延伸，往往和住宅的建筑风格密不可分。喜欢现代地中海式花园的人，大多都格外挑剔：他们不只是想把富有异国情调的氛围变为现实，

现代的花园设计可以从植物着手：对称当然是首选。

而是更喜欢最新、最高品质的设计。而且，当住宅被设计建造得非常具有现代感时，人们往往也会想要一个与之相匹配的现代花园。例如，你很少会看到一个有带玻璃面的现代住宅的前面有一个乡村花园。

如今，现代风格的花园设计很常见，但对现代地中海风格的定位是全新的。如果你想请一个花园设计师来帮你打造花园，想找到一个已经对现代地中海式花园设计有经验的专业人士可能比较困难。经验表明，许多花园设计师很喜欢运用植物装饰，认为摆上一些陶罐盆栽或种上耐寒的棕榈树，一个地中海式花园就完成了。但是就像在介绍经典地中海式花园时所提到过的一样，花园风格的塑造是各种因素之间经过复杂的相互作用而形成的。困难的是，整个氛围和南欧风情的打造。

氛围比实用性更重要

通常来说，花园设计师是不会优先考虑花园呈现的整体氛围的，而会先考虑那些最实际的问题：花园该如何划分？露台建在哪最合适？不同的花园空间如何联系在一起？还有很多这种问题花园设计师会利用这些问题帮你找到总体规划的最终答案。根据园主对花园的需求，对地中海式花园起到决定性作用的问题必须一开始就提出来。这也使其有别于其他花园风格，比如日式花园。日式造园艺术有精确、固定的规则，有助于设计元素和当地的风土环境相互协调，达到一个

预想的效果。根据花园类型的不同（日式花园也可细分为不同风格），规则精细入微，甚至指定了假山的位置、木材的切割面以及沙砾层的铺设图案。这是因为日本早期没有一个连续的设计传统，而是由来自于古罗马及东方国家的许多不同的设计流派融合在一起，后期也受到了来自英国和法国的经典现代主义的影响，也就导致了后来日式园林风格的多样性。本书中介绍了多种不同的地中海式花园类型，以方便你运用。

利用一些小方法就可以让混合花境具有现代感——图中使用了具有雕塑感的金边龙舌兰。

尽情发挥你的想象力

少了规则的限制，就有更多的空间发挥想象力。正是在现代花园中，我们才有可能做自己喜欢做的一切。事实上，大多数花园园主在制订现代花园的设计方案时不需要太多帮助——前文提到过，这种设计类型体现了在日常生活中对舒适度和秩序的需求。但这样一个设计全面的户外空间在太多秩序和功能需求的约束下，会少了一些个人对花园梦想的表现。舒适感不是现代地中海式花园设计中最重要的关注点，但这并不表示现代地中海式花园是不舒适的。相反的，它通常以自己的方式服从于功能。因此，现代地中海式花园也可以规划得非常舒服。

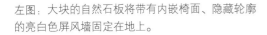

左图：大块的自然石板将带有内嵌椅面、隐藏轮廓的亮白色屏风墙固定在地上。

做一个检查单

设计现代的地中海花园时建议进行严格的面积划分。如果你想打造这样一个花园，最好先问自己下列问题：如果你生活在一个结构严谨的花园内，会感到舒适吗？你喜欢规则的形状还是有冲突感的装饰？你打算将花园当作户外居室使用吗？现代的色彩和材料组合令你着迷吗？

特殊区域的处理

现代地中海式花园的区域划分是很明确的，与古典花园有许多相似之处。这样就可以像文艺复兴时期和巴洛克时代的典范花园一样，规划一个对称的基础构造，即一条轴线将花园分成对称的两部分。现在，这种严格的对称也可以被打破，通过巧妙运用弧形或环形区域就可以将这种秩序打破。古典地中海式花园中富有观赏性的典型巴洛克式的半贝壳状空间和多花装饰很少出现在现代花园中。在现代地中海式花园中，可以好好利用各种规则的几何形状之间所碰

中海花园中，可以和其他风格的现代花园一样，严格执行区域划分。当在设计花园时，最好还是遵循这个原则：根据需求做计划。"需求"即花园的拥有者对于花园的期望到底是什么，或者可以这样问，你想在花园里做些什么？花园在温暖的季节是否需要兼具客厅的会客和用餐功能？如果是，那么这块地方就需要可以摆放桌椅的空间，方便人们在外面用餐，还需要一块阳台式的休息区，让人们在花园中可以像度假一般放松。要是有一个烧烤区或甚至是一个实用的户外厨房就更完美了。花园里的路最好可以直接通往最重要的活动区域。

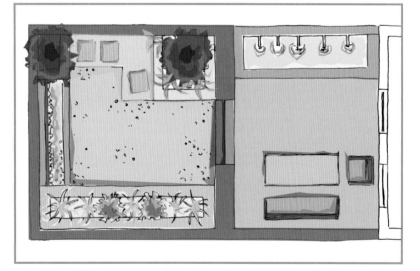

在一个特别小的花园空间里，也能体现出现代的设计理念。

撞出的充满力量感的火花，令人印象深刻的花园便是如此形成的。可以想象一下，在长方形砾石地面的斜对面安置一块椭圆形木甲板，木甲板的两端超过了长方形砾石地面，不对称的冲突感就体现出来了。同住宅一样，花园的功能也比形式重要。因此，在现代地

小型花园让人感到真正的舒适

直角可以让一个空间变得有秩序。柔和的线条和其他的不规则形状通常不会出现在现代地中海式花园中。如果你决定去打破这样固定的秩序，提升效果，你得有意识地去做并且着重强调。例如，弧形就能柔化这种严谨的地面划分。如果你把花园打造得规则、方正，便会形成一个和住宅相似的平面图。花园的大小决定了花园的设计。如果你仔细想想，一个120平方米的住宅有多大，大多数花园显然会更大，你一定就会换个角度看待花园设计这个问题了。请像对待住宅一样对待花园，打造一种空间感！

右图：用简单的方法可以把内院和花园的连接变得惬意而又充满艺术性。

新颖的种植方式

现代地中海式花园也会在植物的种植方式上汲取古典花园的精华。根据许多地中海式花园的案例和照片，我们可以看到，植物被按照个人的喜好配置在一起。因此，规整的黄杨矮绿篱也可以和看上去很有当地感觉的孤植乔木——如地中海柏木或按照石松品种培育的伞形松树和伞形悬铃木组合在一起。

所有这些植物都被修剪成充满艺术性的造型，这说明了形状对花园风格的重要性。同样，色彩是富有情感的。我们都知道，红色是非常富有激情的，显得很热烈，但是红色也因此变得非常极端——如果喜欢就非常喜欢，反之则永远不会在花园里种植。同样的，蓝色给人的感觉是高雅的，但同样也是冷艳的。在现代花园中，色彩作为形状的补充效果很显著。例如你用砾石铺设地面就很普通，但如果你用明亮的蓝色石子代替自然色的砾石，印象会让人深刻得多。

先形后色——就是这么简单！

对于植物的种植来说，色彩是次要的。当所有的花床、小路和露台都有了规律的几何形状时，花园里的植物就会像在花瓶里的一样：虽然色彩随着其色调和明暗度的变化而被人注视，但是其观赏效果没有一个不受约束的自然花园或一个爱好者的花园那么好。

像黄杨这样的造型灌木在现代地中海式花园中扮演着重要的角色。下图中，不规则的黄杨绿篱与薰衣草组合在一起，趣味十足。

花园中的常绿植群被修剪得如同岩石一样。那些笔直的形柏木带来强烈的视觉对比。

植物作为花园空间的组成要素扮演了一个重要的角色。例如，在南方的花园中，大树一般选择的是细长、笔直耸立的地中海柏木（*Cupressus sempervirens*）。小型花园中，通过对植物垂直性布局的强调，有效地扩展了花园的垂直空间。可以在一个小小的私家花园的路边种植两排细柱状的树木，你可能会担心这些大树会使空间变得狭窄，但不妨大胆尝试一下，这些大树会给你带来你惊喜的效果。

种类的植物块状种植是现代设计创意中的一种基本设计特征，在这种情况下，既可以为植物修剪造型，也可以任其自由生长。一块有着精致的银灰色叶片的绵杉菊（*Santolina chamaecyparissus*）植群一中在一个由黄杨树组成的圆形山谷里，看上去如同一幅油画中的白色云朵。当然，一个镶边花床也可以用五彩缤纷的植物组合来装饰，这是一种能持续几周的有效解决方案。经常用季节性的植物进行替换，可以为花园带来色彩的变化。

良好的效果

大树在有限的面积中可能会让人感到压抑。但这很大程度上取决于树的形状，也受到树叶颜色的影响。考虑到花园的空间结构，不一定要让这些树长得太高。黄杨和紫衫都是常绿植物，不同的品种，高度在20厘米到几米之间不等。与古典花园不同的是，同一

左图：一个非常现代的水池是这个围墙内花园的中心。植丛被修剪成紧密的各种形状。

提示

植物的生长形状可起到划分花园的作用，而色彩决定着花园的格调，在选择植物时应当考虑到这个原则。孤植的植物最好选择那些轮廓清晰的、富有特色的植物，而群植的植物选择轮廓柔和的植物效果更好。

植物和建材的巧妙组合

1 鸢尾 鸢尾有着蓝绿色的叶片和彩色的花朵，非常适合现代地中海式花园。鸢尾喜干燥的土壤。图中亮灰色碎石和自然石墙相互作用，定下了花园的基调。

2 观赏草 观赏草可以说是现代花园中不可缺少的元素。它们精致的生长形态和屏风上的耐火砖墙、木材形成强烈的对比。

3 多刺的异国植物品种　龙舌兰和南美的硬叶沙漠凤梨等多刺的植物适合在夏季在德国的户外生长。图中的碎石花床里，就简单地用这两种植物打造出了一种具有异国情调的基调。

4 沙滩和海洋的感觉　在图中通过这样一个圆形的场地体现出浓浓的海滨风情。将鹅卵石点缀在路面上，再用石砖镶边，形成一个封闭的空间。它被耐寒的大戟、斗篷草和绵毛水苏包围。

5 石子路　石子路在所有地中海式花园中都很重要。当不断自播的墨西哥飞蓬和蓝羊茅等植物在路边扎根时，这些石子路看上去就会格外美丽。这种设计也适合于现代地中海式花园。

现代花园的材料

不能低估建材的运用在一个花园中所起到的总体效果。虽然这些细节在大部分花园中仍然经常被忽视，但你一定不希望因为建材的不恰当运用，而破坏整座花园的设计感。因此，要先观察这花园选址内的所有元素所产生的效果以及它们对你的情绪所产生的影响：墙面、地面、台阶以及过道。这些元素在花园里都能被重新定义，赋予新的功能。墙面可以作为有顶棚的区域如凉亭的组成部分，在特殊情况下，也可以作为花园划分空间的分界，既可以形成和邻

也是极为理想的墙体材料。两者都有许多颜色和材质上的分类，为花园设计提供了无限的选择。

多功能的天然石材、金属、玻璃和混凝土

天然石材有两种十分值得推荐，可以用来铺设地面效果都很好：表面粗糙且带有粗裂边缘的多边形自然石材。但对于现代地中海式来说，表面光滑的天然石材看上去更为高雅。除了自然石材，我们也不能忽视那些地中海花园中常见的不同颜色及颗粒大小的碎石。如果你计划用碎石铺设经常行走的花园小路，应当选择细碎石，因为踩在上面的感觉更为舒适。不锈钢、玻璃和塑料也是可以用到的材料。不锈钢与水景元素很配，例如利用不锈钢制作水渠或者水池，即所谓的反射池。地面和墙面经过装饰性材料的装饰，作为设计元素变得具有独立性，不仅满足了实际用途，也富有观赏性。如果选择了现代地中海式花园，往往也要坚持"少即是多"的理念。

图中的居住型花园的实景图可以在对页中看到。

居花园之间的界限和屏障，也可以用来将花园分割成不同的独立空间。如今，不仅可以利用绿篱作为屏障，独立的墙体在现代花园设计中作为分界与屏障也变得非常受欢迎。墙体材料建议使用耐候钢，其红色的表面与地中海风格非常相配。石砖尤其是天然石材

右图：一些经典元素如种上龙舌兰的陶罐与色彩鲜艳、气氛和谐的围墙搭配在一起十分和谐。

砾石花园是现代主题花园中的一种。许多植物爱好者都喜欢这种特殊的形式。

家具的作用

每个人都想住在自己建造的有品味的环境里。因此，自己或者设计师的创造性在现代地中海式花园里扮演了重要的角色。你可以在设计阶段完全放开思绪，不受任何限制，摆脱一切规则的束缚和传统花园的影响。艾尔·迪亚穆德·加文是最著名的现代花园设计师之一（甚至可以说是先锋派艺术家），他从日常生活中获得创意灵感并希望用他的花园设计传达情绪。他也研究过历史上那些伟大的园林设计师的作品，以发现他们作为花园设计史上的革新者为花园文化做出的贡献。

事实上，我们当今认为是古典的，例如格特鲁德·杰基尔或伟大的公共环艺设计师约翰·布朗的那些设计，在它们被创造的时代是新潮的，甚至大部分作品被认为是大胆到不可思议的前卫设计。这份勇气作为花园主人的我们也该拥有。我只能建议大家，独立地去处理一切——前提是你愿意，并且有这个能力。有些人没有勇气去自己做一个花园设计方案，因为他们认为自己对花园设计了解得太少。有的人会找专业的景观设计师帮忙。但是我只能用我的经验告诉你，自己才是最了解自己的需求的人。如果你想将你的愿望和要求在将来的花园上尝试的话，你应当有意识地去进行这样的尝试，并思考如何将对梦想中的花园变为现实。设计前多看一些书以及相关杂志——你不是正在做嘛，所以你正走在正确的道路上。

家具的布置可能就是成功的关键。可以用一个暖色调的石板围起来的水渠将花园隔出一片休闲区，放上舒适的家具，边听着潺潺的流水声边休憩聊天，也许这就是你一心想要的画面。至于水会往哪儿流以及如何让

右图：把花园当作室外餐厅使用，正是在地中海式花园里，这样的设计容易实现。

水流动这样技术性问题可以和专业人员沟通。这表示你已经找到了想要的现代花园的初步想法：一个规整的，将水景元素作为中轴标记的花园。不用担心，想要实现这样的效果，并没有想象中的困难。

非常规方法

也许你会说，这些听上去都非常符合逻辑，但在实践中又会是什么样呢？我常常会和一些花园园主打交道，他们会带着从园艺杂志上剪下来的花园图片甚至有时候是整本收集好的文件夹来找我设计花园。

但大多数时候，当问起他们为什么这么喜欢这些花园时，他们又说不出理由。"我就是喜欢"，这是最常见的答案。其实这很正常，作为门外汉没必要什么都知道，什么

都能解释清楚。但如果你想打造这样的花园，你得去了解这些花园的特色等，这是每种创意形式的开始。在这一点上，花园设计和其他艺术活动都是一样的。

"怎么样都行！"是许多人一句常用的口头禅，对于设计来说，这句话另外一个意思就是，有任意组合的可能性，不受任何限制地将自己的想法呈现出来。在现代地中海式花园中就是这样：一切皆有可能。这样，布置现代地中海式花园就像布置家居一样，寻找合适的家具、确定墙面颜色都变得简单了。当在做设计遇到困难时，应当发散思维，并且只考虑这个问题——要是为了一个心爱的椅子而设计整个花园的同时，却忽略了椅子的位置、大小和样式，这就是错误的。

优秀的设计是
独一无二的

如果当你选择了地中海式花园风格，不管是什么原因让你做出这样的选择，是想在家里体验度假的氛围还是喜欢这种充满装饰性的花园风格都不重要，重要的是你已经选择了这样一种还不是非常流行的设计风格，你正踏上真正的"新大陆"。对于大多数花园设计师来说，地中海式花园的设计也是新奇的体验。因此，至今为止还没有针对地中海式花园有约束力的标准。从审美角度考虑，喜欢什么都是可以的。但是实际上在设计方面，地中海式花园确实存在着一些特征，它们将在以后花园效果的体现上起到相当重要的作用。

高品质的设计可以保证舒适感

实际上，专业设计师都很难针对设计质量的话题进行探讨。许多花园设计师都认为，花园的设计品质在观赏者眼中和美观处于同样重要的位置。现代花园中有些空间处理和比例的标准，仍一直遵循着古代的那些经典规则。当然在过去的几个世纪里，不断出现了新的流派。其中有一些对我们来说非常陌生，比如立体主义，也曾在地中海式花园中昙花一现。但是在花园几何形状的可能性上，基本上就没有过新的创造，可以进行组合的只有特定的角度、弧度和形状。

花园设计和建筑学一样是一门艺术，和绘画、音乐以及其他艺术有着相同的地位。

室外客厅是现代花园中一种特别的形式，晚上在这里还可以好好地享受一杯清爽的鸡尾酒。

如今的花园设计更像是由所有想得到的景观元素对预算进行的组合、协调，从而创造出的美观作品，这不正是你所追求的吗？如果你自己进行设计，一个极大的好处就是你可以对设计方案再三斟酌。请对自己的想法保持批判态度并尽可能地和你参观过的或在书、杂志上看到过的花园进行比较。对设计师的角度来说，客户的坦诚度是一把"双刃剑"。这样，可以更加了解客户的需求，但也代表要尽可能地满足客户的需求。好的仔细向你解释为什么某个方案行不通，然后提出一个更好的方案。当然，预算也起到重要的作用。

如果运用少量富有表现力的标志，就可以赋予花园一个完全崭新的面貌。

图中这个展览花园可以在现实中实现。下沉式露台中，赤土色的蓍草、紫雏菊与新西兰麻搭配种植在一起。

正是现代的设计教会了我们，一个精美的花园并不一定是昂贵到无法支付的。想想，很多东西不都是从功能性的工业设计发展而来的嘛。

只有不适合的想法才是无法实现的

优秀的设计并不一定是昂贵、奢华的，许多私家花园都可以很明确地证明这点。在这些设计中，材料的使用范围也非常广泛并且往往有多种选择，而且设计中的个性化处理使设计师与客户之间的沟通更频繁，进行起来更灵活、更容易。大批量地建造花园是无法做到的，即使可以，结果也绝对会让你感到失望。如果你想寻求帮助或咨询信息，请弄清楚，设计书或电视节目不是真正的花园设计师，即使它分成许多步骤详细说明花园的设计，因为仅仅靠观看，是无法学习到如何去设计一个花园的。一个好的解决方法，是将个性化的需求和选址的情况在预算范围内综合在一起考虑，只有这样做计划才有乐趣。

植物爱好者花园

除了古典地中海式花园和现代地中海式花园之外，还有另外一种地中海式天堂：这里，迷人的植物群落吸引着人们。

另一种类型的花园让地中海地区的造园艺术变得人人皆知，那就是地中海式植物爱好者花园。爱好者花园的园主们完全沉溺于收集植物的热情中。在有些花园中，不只是收集的植物扮演着特别的角色，其他元素也常被作为焦点，例如艺术品。当然，对我们来说，还是花园中收集、种植的植物有着更特别的吸引力。

多年来，中欧都有一种喜欢收集异国植物的潮流：在花卉市场里，有很多植物可供选择如山茶花、常绿的玉兰树以及其他一些完全可以适应当地气候条件的花园宝贝。地中海区域的气候温和且阳光充足，为来自世界各地的异国植物提供了得天独厚的条件，因此，植物品种十分丰富。

在地中海地区，来自墨西哥、中国、南美及非洲等地的乔木、灌木、亚灌木以及球根植物都能茁壮生长。其中许多种类在北欧和中欧多被作为室内植物或盆栽植物种植。事实上，许多植物在中欧的气候条件都不适合在户外栽培，但这绝对不是阻碍将富有异国情调的植物天堂变成现实的借口。换一个角度思考，许多事情都会变得有可能。

最根本的问题是：花园最重要的组成部分是什么？而答案可想而知：无处不在的茂盛植物以及植物的形态与色彩之间的对比，也决定了花园的类型。下文会介绍许多来自于爱好者花园的例子，总有一些会和你个人的喜好及你的花园所在地的气候条件相吻合。

棕榈树是一种热带树。有许多品种，图中的矮棕榈在有庇护条件下可耐寒。

不列颠人最早创造收藏型花园

植物爱好者花园的历史最早追溯到对园艺有着无限激情的不列颠人那里。早在1834年，布鲁厄姆勋爵在戛纳海湾建造了一座花园，可能是这片海滩上的第一座英式花园，可惜如今已不存在。在它之后出现过许多其他的花园。特别值得推荐的是可以作为灵感来源的花园，例如坐落在意大利，文蒂米利亚的莫托拉以及芒通的拉梅山谷植物园。拉梅山谷植物园建立于19世纪末，拉德克利夫勋爵（马耳他岛总督）从1925年起对植物品种数量进行了扩充。自1967年开始，这里便

图中的花园空间像舞台一样被古老的建材筑成的围墙包围。火炬树（*Rhus typhina*）下面生长着许多夏季花卉和盆栽植物

归属于英国自然历史博物馆，并对游客开放。拉梅山谷植物园的特别之处在于，因为它的环境条件就算在地中海地区也算是特别温和的，因此，甚至可以种植牛油果这样的外来水果。莫托拉也成了一个地中海式收藏型花园的缩影：在18公顷的土地上，汉伯里家族在罗马古道和里维埃拉迪费欧里之间建造了一座和康沃尔郡的爱好者花园相比一点都不逊色的花园。1867年，托马斯·汉伯里爵士在热那亚大学的名下修建了这座花园。他作为在伦敦附近捐赠土地的植物爱好者而被人熟知，在他捐赠的土地上，英国皇家园艺学会建立了威斯利花园。在我们的花园里，将大部分植物收集齐几乎不可能的，这些大型的花园也无法作为私家花园的模板，但喜爱植物的热情激励着我们从世界各地收集各类植物。对于大多数植物爱好者花园来说，植物的种植优先于花园的基本建设是毋庸置疑的，这与这种花园的发展有关。慢慢地，园主们扩大花园的面积，为增加的植物创造出越来越多的空间，这种缩小版的爱好者绿洲也能让人刮目相看。

这种情况也能应用在我们的花园里。如果你想设计出这样的小型花园，就一定要好好研究地中海的气候以及它对植物产生的影响，以便在更好地种植它们。

气候对设计师的考验

针对单独植物的详细说明和组合可以在本书的第三部分中找到。下一步，我们应该把注意力集中在对我设计方案的硬性要求上。气候变化在某种程度上会导致地中海地区与

富有创意的设计方案对植物爱好者来说非常重要。即使是在墙面上也可以给盛开的花朵创造出空间。

这个花园中所有多年生植物都耐寒，盆栽植物如龙舌兰起强调作用。

中欧的气候变得相近。如今，在中欧的部分地区，也有类似于地中海地区夏季干燥炎热、冬季湿冷的气候。

干燥是有益的

现在，中欧冬季的气候也变得温和多了，降雪和霜冻减少了，这对敏感的植物如山茶花是一个有利条件。地中海当地植物与其他地区植物的区别在于，欧洲南部的夏天太热，许多植物很早就开始生长了，这样的植物很难适应其他地方，为了不成为晚霜的牺牲品，它们将持续休眠到4月初。而在地中海地区，最大降水量发生在10月到来年4月期间，正好是许多地区植物休眠的时间。地中海地区的夏季太干旱，露天种植的植物如种植在南边或西边的坡地花园中的植物必须能够承受阳光的直射和炎热的气候，地中海地区有许多能够适应这种炎热、干旱气候的植物。而中欧地区的花园里很少有极端干旱的地方，因此大部分适合在地中海种植的植物品种在中欧几乎不被人所知。

大多数喜爱地中海式生活情调的植物爱好者都会搜罗一些特殊的植物。有的人会选择一个看上去像热带雨林、种有耐寒的棕榈树的花园（更多内容请翻阅第199页的"南方的使者"），而有些人更热衷于打造种植多肉植物（叶片肥厚、可储存水的植物）或耐旱的仙人掌的碎石花园。

气候对花园的影响

前文所举的例子已经足以说明，植物爱好者花园的设计几乎可以说是没有任何束缚，且主要取决于园主的喜好。因此，这种地中海花园类型一定会成为最富情感以及最个性化的类型。但是也不能完全沉溺于个人对园艺及设计方面的喜好，你可以根据实际情况把一些限制性的不利因素变为有利因素。请记住：没有不好的位置，只有不合适的创意！富有创意的园艺工作和优秀的设计同样重要。这听起来很大胆，但这是事实。

几乎每位园主都明白一个简单的道理：阴凉处的草坪才是我们梦寐以求的。我们都梦想着一片碧绿的草坪可以休憩，无论是在枝繁叶茂的大树下还是在高大建筑旁的阴影下。

但实际情况却是另外一回事：在阴凉处很难种植漂亮的草坪，取而代之的会是肆无忌惮的杂草。当你知道草坪所需求的必要生长条件时，就会明白，一片漂亮的草坪在阴湿处是天方夜谭了：草坪草是喜欢阳光的植物，需要充足的水分以及渗透性强的土壤。

地中海式花园中非常具有代表性的植物品种是不可或缺的。为了达到预期的效果，用切合实际的眼光去评价地块条件是十分有必要的，也很简单。

土壤环境和光照条件是对植物的生长来说最重要因素。大部分源于地中海地区的植物需要营养丰富但渗透性强的土壤。这种土壤含有保水性强的黏土微粒，也含有可以让土壤疏松、透气的沙砾等粗颗粒，但沙砾几乎无法凝聚土壤中的养分。

土壤决定了花园的面貌

如果你的花园土壤已经是沙质土壤，并且没有用有机物质如腐殖质或堆肥改良过，通常来说就必须将植物限制在喜欢这种贫瘠土壤的品种范围内。沙质土壤无法打造出开满花的玫瑰花床，但是对于多数香草或耐旱的观赏草及花灌木来说，正好是理想的条件。而黏土含量高的花园对于多数地中海风格或异国情调的种植创意来说不太适合。黏土可以长时间保湿，在其他花园中是很受欢迎的，然而在长时间的降雨期到来时会导致积水，这对敏感的植物根系来说或许是致命的。

内容而非形式

对于爱好者花园来说，花园的展示性是最重要的。也就是说，空间的划分从属于收集的植物。也许大多数花园设计师对此都无法理解，但说到底内容才是花园中最重要的。优秀的种植也可以弥补设计上的缺陷。因此，爱好者花园对于那些想避免高额建造费用的园主来说，再理想不过了。

右图：美人蕉、耐寒的芭蕉以及轻度耐寒的棕榈勾勒出异国情调。

热情——园艺大师的品质

根据我的经验，植物爱好者花园主要有以下3种风格。

一种展示了各种喜干燥、耐寒的植物，并把它们与一些较耐寒的地中海植物如棕榈、仙人掌组合在一起的花园风格。花园的总体效果会给人一种在强调色彩的明亮氛围下，看上去就像是地中海沿岸的风光。

其次是一种保持了前面提过的类似热带雨林的大型收藏者花园风格。这种风格在中欧比较容易实现。2007年去世的英国园艺大师克里斯托弗·罗伊德已经用他著名的大迪克斯特花园做了示范：用带有异国情调但耐寒的当地植物，以及夏季可以放在室外并且可安全越冬的异国植物组合在一起。这种花园中可以种植阔叶型的耐寒灌木如梓树和泡桐树，配以夏季花卉美人蕉及姜花属植物。丝兰、火炬花、百子莲以及柳叶马鞭草等耐寒的多年生植物也可以和它们很好地搭配在一起。对于喜欢进行新尝试的花友而言，耐寒的芭蕉（*Musa basjoo*）和一些不知名、在有保护的情况下可越冬的稀有灌木品种，如源于智利的绯红洋翅籽木（*Embothrium coccineum*）、常绿阔叶的枇杷树（*Eriobotrya japonica*）以及八角金盘（*Fatsia japonica*）——一种和常春藤同科的植物都是非常不错的选择。当然也不能少了耐寒的芸香科植物枸橘（*Poncirus trifoliata*），花朵散发如同橙子的芳香。如果你想找种具有强烈芳香的藤蔓植物，素方花（*Jasminum officinale*）可以满足要求，其白色的花朵和茉莉相似，并且比茉莉耐寒。

令艺术爱好者感兴趣的花园

最后一种爱好者花园是以一个特定收藏主题收集东西的花园。这可以是一些前文已提到过的仙人掌和野生多肉植物花园，还可以是一种不以植物而是展示艺术品为重点的花园，每一处都可以作为展览空间使用。收藏型花园在设计方面往往会碰到这样的问题：如果在一个地方最大限度地种满植物或摆满艺术品，往往会因为过于拥挤、杂乱而变得不那么吸引人。当然，如果只关注收藏的植物或艺术品本身而不是整体组合效果的话，还是有很大的诱惑力。

这个充满地中海式异域色彩的花坛是由堆心菊、美人蕉、银叶蜡菊组成的。

用地中海当地的观赏草也能营造出不同寻常的意境。芦竹（*Arundo donax*）可高达3米，并可在庇护下生存于较长的霜冻期。

为了使花园散发出热带雨林的光芒，阔叶植物是很理想的选择。蓖麻（*Ricinus commus*）种子很容易发芽，到了5月份进行移栽。

一个与美丽的花园油画
相匹配的画框

但是，当你在规划初始阶段仔细考虑一番后，就会很快明白，想让植物展现出最佳效果，一个基本的设计方案绝对是需要的，但设计方案并不是主体，而是合适的"框架"。如同一幅油画，合适的画框可以突显出画作，却不会因为太抢眼而转移人们的兴趣焦点。对于艺术品展示型花园来说，艺术品的展示比花园设计更重要。理想状态下，展示的艺术品和花园的设计可以互补。最有意思的艺术品收藏型花园，永远是那些利用艺术品和环境维系着一种引人入胜的关系的花园。

花园不同于博物馆，花园是一个由许多不同有生命的生物及无生命的艺术品组成的空间，它甚至能与观赏者进行交流，植物爱好者总是可以最直接地观赏、理解花园。很多时候，人们会想起梦想中的场景，例如一个静谧的意境、强烈的色彩或怡人的香味。也正是因为这样，才出现了对花园的渴望，因为它和我们的环境不一样。某种程度上来说，地中海式花园也是人们这种渴望的一种表达方式，是用情感倾心打造出来的。

栽植：异国情调的葱郁与荒芜

1 外来品种　杨梅树及塔基棕榈（*Trachycar-pus takil*）在小溪旁茂盛生长，草本植物如岩白菜和阿尔泰铁角蕨（*Asplenium altajense*）与之相伴。耐寒的塔基棕榈主导着和谐的画面。

2 芭蕉　芭蕉不是木本植物，而是大型的草本植物。这种红色叶片的埃塞俄比亚香蕉喜欢沐浴夏季的阳光（*Ensete ventricosum*），需要进行越冬保护以免受霜冻伤害。

3 草原植被 草原植物十分适合生长在贫瘠的土壤上，它们看上去富有异国情调，却是由当地耐寒的多年生植物及观赏草组成的。图中是南非的火炬花(*Kniphofia*)和细茎针茅草（*Stipa tenuissima*）。

4 石莲花属植物 石莲花属植物是无法在中欧越冬的多肉植物，用它们能打造出非同寻常的碎石花园。石莲花属植物曾经也被当作花境植物，可惜现在已不再流行。在园艺店、花卉苗圃都可以买到它们，可以通过侧芽及叶片扦插进行繁殖。

5 多肉植物 多肉植物是叶片肥厚，可储存水分的植物，它们非常适合地中海地区干燥的环境。这里不同种类的长生草属（*Sempervivum*）、景天（*Sedum*）与耐寒的露子花属（*Delosperma*）被组合在一起，几乎不需要浇水！

6 百里香 百里香及其他芬芳的匍匐型亚灌木需要充足的阳光和排水良好的沙质土壤。一个这样精致的小型植物组合甚至可以种植在路面的石头缝当中。

在家中收获地中海蔬果

俗话说："要抓住一个人的心，要先抓住他的胃。"没有什么地方比家里的花园更适合种植有机蔬果这样的美味了。在自己家中花园种植、收获美味的地中海蔬果，是不是让你回想起去年夏日在地中海度假的美好回忆呢？

实际上，在花园中种植蔬果有着悠久的历史。过去地中海地区的大多数花园也只是用来提供居民所需的水果、蔬菜和香草，之后才发展成建立在休闲娱乐及社交基础上的观赏型花园。当时的人们既不愿意放弃花园的观赏价值也不愿舍弃植物甘甜的果实，所以很多花园至今依然是地中海式美食花园中的"标准配置"。那今天更不应舍弃这一切，毕竟葡萄、无花果、猕猴桃以及桃子都能在中欧生长良好。许多人都梦想拥有地中海沿岸阳光明媚的生活，想在家中也打造一个地中海天堂，所以，如今在大型苗圃里有了越来越多耐寒性强的果树可供选择，它们无须或稍加防寒保护便可在零下十几摄氏度的环境中存活。这样，你就可以在自家花园中享受南方水果的美味了。

随手采摘的果实味道最好

无花果（*Ficus carica*）十分美味，红色的果肉常被当作性感和诱惑的象征。到了冬季，巨大的无花果树会掉落叶片，只剩下光秃秃的枝条。无花果种在墙壁最理想，墙体

不仅可以为无花果提供支撑还能为其挡风。此外，可高达4米的无花果树也是一种具有吸引力的墙边绿化。

修剪无花果树时，最好只是轻剪，以促进其侧枝和叶片的充分生长。多年以来，'比奥莱塔'（*Ficus carica* 'Violetta'）被人们认为是最耐寒又好吃的无花果品种，它甚至可以在－20℃的寒冬中存活几天。而其他品种到了－10℃以下就会被冻伤。刚开始栽种的两三年内，建议对所有品种的无花果幼苗都做好防寒保护。

香甜的葡萄和其他美味水果

如果想装饰花园拱门、藤架或凉亭，葡萄（*Vitis vinifera*）是不错的选择。由于地域性和日照时间的巨大差别，很多地方种植的葡萄味道不尽如人意。但是作为花园植物，葡萄也十分具有观赏性。短短的几年之内，葡萄就可以爬到好几米高，夏季过后，葡萄的叶片会呈现出一种非常迷人的金黄色调。为了使葡萄达到最佳生长状态，一个供植物攀爬的藤架及定期的修剪十分重要：只绑定新栽的葡萄藤上发出的粗壮枝条，其余的枝条应全部剪掉，第一年夏天长出的侧枝也得剪到只剩一片叶片的地方。到了次年春天，将新生的枝条截短至6~8个芽处。这样，最顶端的嫩枝将形成藤架上的主枝，一条向左引导，一条向右，第三条垂直向上，其余枝条再回剪至只剩一片叶子。到了来年春季，继续进行修剪和造型，直到墙面或藤架被葡

左图：屋顶花园上，也可将葡萄种植在大型花盆里。在城市上空也能打造带有地中海气息的角落。

桃树等果树栽种在墙边，从墙体散发发出的热量中获益。

萄的藤蔓完全覆盖。猕猴桃及西番莲（*Passiflora caerulea*）都因其美丽的叶片和美味的果实，成为地中海风格的花园的新宠。我们在葡萄酒产地经常看到的猕猴桃（*Actinidia deliciosa*）只能适应当地气候，而软枣猕猴桃（*Actinidia arguta*）结出的果实小很多，植株更为单薄，但极为耐寒并且非常容易打理。

葡萄这样才能长好！

如果想在自己的花园中收获葡萄，首先得准备合适的土壤：葡萄需要温暖、疏松、渗透性好的土壤。贫瘠的土壤对于已经生根的植物不是问题，因为它们的根系可以扎到几米深。葡萄只在种植后的最初两年内，需要在夏季定期浇水。要注意，在种植时，嫁接点应当高出土壤3~4厘米。

软枣猕猴桃品种'维基'可以承受 - 30℃的低温，前提是种植地不会积水并且有一个牢固的藤架可供攀爬。小型猕猴桃的果实与其大型近亲相比，在许多方面反而有一定的优势，它们的果实无毛，且含有更多的维生素C，所以可以连皮食用。种植猕猴桃如果想要收获果实，一定要种两棵，因为大多数猕猴桃是雌雄异株的，花朵需要授粉后才能结出果实，因此，必须要同时种植雌株和雄株。西番莲和猕猴桃一样，也是一种生长快速的攀缘植物，其深裂、富有光泽的暗绿色叶片让花园变得富有热带及地中海气息。西番莲能快速开满大型的藤架，在7~8月会开出奇异的花朵，成为花园中一道富有异国风情的美丽风景线。

西番莲鲜艳的黄色果实又被称为"百香果"，果实成熟期会一直延续到秋季。就连

在所有的无花果品种里面，只有少数品种可以耐受中欧的严寒，还可以获得丰收。靠墙种植可保护使它们更好地生长。

较长的寒冷期也不会给西番莲的生长带来什么问题，只要冬天在它的根部铺一层厚厚的落叶即可越冬。地面以上的枝条枯死是正常的，来年4月就将重新长出新枝。

不仅允许偷吃，还很欢迎！

桃树和枇杷树都是地中海式花园中的果树，然而它们都要在较温暖的地区才能获得丰收。如果是在寒冷的地方，可以在朝南的墙面用树叶做一些简易的防寒设施，这样就能在自家花园中收获果实了。桃树的晚熟品种最易结果，这种桃树的果实特别可口。注意这种桃树要定期修剪，因为它只在前一年长出的枝条上结果。针对桃树经常出现的缩叶病，可以在树根周围耙松一圈土并种植大蒜，但不能种攀缘的旱金莲。枇杷（*Eriobotrya japonica*）是一种长有深绿色大叶片

值得推荐的水果种类

拉丁学名	中文名	种植地	株高
Vitis vinifera 'New York Muscat'	葡萄'纽约麝香'	阳光充足	7米
Vitis vinifera 'Lakemont'	葡萄'莱克蒙'	阳光充足	7米
Ficus carica 'Bornholm's Diamond'	无花果 '博恩霍姆岛钻石'	阳光充足	2米
Asimina triloba 'Sunflower'	巴婆'向日葵'	向阳至半阴	3米
Prunus persica	桃子	阳光充足	3米
Eriobotrya japonica	枇杷	向阳，避风	3米
Diospyros kaki	柿子	向阳，有遮蔽的	4米
Actinidia 'WEIKI'®	软枣猕猴桃'维基'	阳光充足	5米
Passiflora caerulea	西番莲	阳光充足	3米

西番莲的花朵十分美丽而奇特。一旦长大后，就能耐受寒冬的考验，存活下来。

猕猴桃是生长非常迅速的攀缘植物，可以在一个生长季内就生长好几米。如果你种植的猕猴桃是少数的雌雄同株品种，只种一棵也可以挂果。

的常绿树，多生长在亚热带及地中海地区，橙黄色的果实味道非常鲜美。如果对根部做好防护，枇杷树也可以不受伤害地度过较长的霜冻期。吃完枇杷后可以在花盆中埋下果核待其发芽，几年后就可以将盆栽苗移到花园里种植。在中欧的气候条件下，枇杷只有在格外暖和的冬季才能结果，因为枇杷在寒冷的冬季开花，如果过于寒冷则花朵会被霜冻摧毁。

外形类似番茄的柿子，表皮为富有光泽的橘红色，是一种富含维生素的水果，可以在超市中找到。一些品种较齐全的大型苗圃会出售能够在 – 15℃存活的柿子树幼苗，所以在寒冷地区也适合种植。巴婆树（*Asimina triloba*）又被称作泡泡树，其耐寒性和前者相差无几，它的果实混合了香蕉、杧果、菠萝以及香草的味道，能唤起人们的好奇心。巴婆树豆形的果实到了10月便会成熟，可以制作成美味的甜品和蛋糕。这种灌木以其早春开出的铃铛形花朵及秋季变成金黄色的树叶，装饰着每个地中海观赏花园。而且，巴婆树对病虫害的抗性很强，因此对想要在自己的花园中种植地中海果树的人来说，再理想不过了。

别样的花园创意

爱好者都有某种共同点：对渴望的东西有着无限的奉献精神和无止境的热情。如果你喜欢地中海式的设计创意，可以在南欧找到丰富的硬件来满足你的热情。当你在南欧度假时，接触到的不只是自然景观，还会接触到许多不同寻常的地方。比如说，南欧有许多仙人掌和多肉植物主题花园，同样，在当地的花园中也有特别富有艺术性的设计创意被用来布置场景。

将植物与艺术设计联系最为紧密的花园无疑就是马拉喀什的马裘黑花园（Majorelle

古老的石雕或陶器都值得收藏——收藏的热情是没有界限的。

Garden），它是时装设计师伊夫·圣劳伦在二十多年前设计的。明亮的蓝色色调、水池和罕见的仙人掌都赋予这个花园独一无二的面貌。这种奢华的设计风格可以激励这个地区的其他园主，去打造类似这样令人兴奋的花园。比如，仙人掌收藏者可以在夏季把自

己的花园改造成真正的沙漠景色。仙人掌喜欢在光照充足但凉爽的环境中过冬，但是到了春季，它们更喜欢在露天生长，这时候可以连盆一起埋入花床里。搭配的植物可以选择喜旱的多年生和多肉植物，例如长生草属（Sempervivum）和不同种类的景天属植物（Sedum）。要是你倾心于这样的"极端案例"，一定得明白，周围的环境也要与植物相匹配。例如，将日本鸡爪槭或果树种在仙人掌花床中，看上去就完全不合适，像"入侵者"一样。但是如果你下定了决心，将整个花园或只是其中单独的封闭部分打造成另外一个世界，效果会是惊人的。太多赏心悦目的绿色无益于展示奇异的仙人掌，但是用简单的镶边植物和明亮的地面铺设如粗糙的碎石和沙砾可以很好地衬托出仙人掌的独特魅力。

给勇敢园主准备的原创设计

花园中并不一定都要种满了植物。你也可以用一个地中海式花园去收集花园杂货。当然，这些杂货应当让人联想到地中海，陶制花盆和雕塑就特别适合。也可以效仿地中海地区的典型装饰风格，例如在白色的围墙上挂满种着天竺葵的陶盆，效果会非常独特。在寻找植物爱好者花园的创意阶段不应该一味遵循自己的品味直觉，也要参考一些当地花园的设计案例。这样才能做到个性化，又方便展开实际行动。更多创意请翻阅76页后的"地中海式花园设计"。

右图：碎石花园属于不太多见的植物爱好者主题。不同种类的银香菊和刺芹在这里茂盛地生长着。

个性化的家具

植物、家具和杂货都对花园风格的塑造起到了至关重要的作用。小型景观元素的排列和布置，家具的造型，地面铺设的材料和花园杂货的选择才使得花园展现出独一无二的风格。古典地中海式花园中的设计受到带有既古典又永恒的形式特征元素的限制，现代地中海花园也同样受到当代设计的明显限制，而植物爱好者花园却展现出无限的可能性。因此，会出现各种各样甚至是极端的案例。下面的内容也许会对你选择家具带来灵感，这或许是你在本书中不曾期待的，但是不同寻常的东西却是爱好者特别喜欢的。

不同寻常的爱好者花园的创意

❧探险者花园。想象一下，你刚刚到达一个热带小岛的岸边，你会遇到什么？温暖的沙滩、几块看似随意摆放的岩石以及一片由热带植物组成的茂盛雨林。你可以把这些热带雨林移植到自己的花园里，把它布置成一个林中空地。

❧沙漠花园。如果你收藏仙人掌，而且想将它像在地中海式仙人掌花园里那样展现在自家花园中，那么你可以把这些植物布置在一个模拟自然沙漠的环境中。仙人掌和火山岩、沙砾搭配起来特别好看，未经处理的耐候钢制成的金属雕塑也非常适合。自然色的柳编家具非常适合这里，不会转移人们对

植物的注意力。如果要是喜欢更现代一些的风格，也可以使用彩色的碎石或者碎玻璃覆盖仙人掌花床。

❀碎石花园：这种被英国园艺师贝思·查特着重推广的花园类型的优点显而易见：由于所种植的都是喜旱的植物，所以几乎不用浇水。另外一个好处就是，厚厚的碎石覆盖层可以有效地扼制杂草的生长。

碎石花园对于喜旱植物的收藏者来说再理想不过了，这些耐寒又喜旱的植物可以在很多多年生植物苗圃买到。碎石的颜色非常重要，因为它决定了花床的基调。在这种花园中，推荐选择线条明快的家具，像浮木和贝壳这样的收集品和这些家具会形成强烈对比，可以作为花床铺设物。

❀盆栽花园：如果你专门研究过盆栽植物，就会发现，盆栽植物可以以不同的方式满足设计方面的需求。比如一个小小的向阳内院，用种植在精美陶罐里的心仪植物可以快速又方便地将其打造成一个地中海式的度假天堂。

绿色的盆栽植物也可以作为设计元素很好地运用在花园里，摆放在黄色或橙色围墙前面，会更加好看。大小相似的植物种在同样的花盆里，排成一列看上去会非常整齐。

爱好者花园也可以如此多姿多彩。铺设的地面如玻璃或彩色碎石像室内的地毯一样令人印象深刻。

如果你的想象力丰富的话，可以无限拓展这些类型。如果你对艺术品或植物收藏没有兴趣，也可以给自己的地中海梦幻花园冠上一个特别的主题，就可以按此定下家具的基调。实际上，反过来也一样：那些美好的花园在建立时往往有一个很棒的起因。

左图：生长繁茂的当地的花园植物中间，也生长着一些异国品种。马赛克桌子低调地凸显出雨林的效果，同时散发出浓烈的地中海气息。

家具和创意

规划花园时，你可以在必要时从园艺商店里购买适合的花园杂货。如今，大部分和地中海式花园创意相匹配的凉亭、家具、花盆都可以买到。请尝试在所有区域用各种杂货去强调你所力求达到的氛围，必要时可以向一位有经验的花园设计师寻求帮助。

地中海式
花园设计

休闲区与家具

　　几乎所有的地中海式花园都有一个共同点：园主都十分热爱休闲、放松的户外生活。因此，舒适、时尚的休闲区在花园中扮演着重要的角色。

　　休闲区通常来说是花园的活动中心。人们聚集在这里，不是为了完成那些日常的花园工作，而是在这里度过一天中最美好的时光。休闲区必须能够满足各种不同的需求。有的地方是用来放松的，可以在那里放置舒适的躺椅，这样就能选择在花园中晒太阳，或者将躺椅放在树荫下，在炎热的日子里也可以作为一个惬意的乘凉地。如果想要为朋友和家人提供一块夜晚的用餐区，就需要一块可以摆放很大的桌子与许多椅子的地方。你也可以选择一个更为私密的解决方案：一个带有舒适家具的会客区，摆放上舒适度完全不逊色于室内客厅里的组合式沙发。也正是因为这个需求，花园家具产业发展迅速。

永远最优化地利用空间

　　对于休闲区来说最为重要的是——与花园的比例适宜。如果你有一个非常的花园非常小，遵循"向前延伸"的原则可能会是相当明智的。毕竟，在连排别墅的花园或小型内院里，拥有大面积的种植区和宽敞的休闲区是不可能的。其实，这种拥挤也可以是一种优势。我们可以把小花园变成一个客厅、会客区或者餐厅。限制特定用途，并坚定不移地在私家花园里执行这种想法很少见。但走上了这条不寻常的道路，你就会因为营造了在绿意盎然的生活区内美妙的氛围而得到来宾不断的肯定与赞扬。

　　家具是花园的"脸面"，既要美观，还要满足实际的用途。首先要仔细想想，你想在休闲区做些什么。如果你想布置成会客区，你就得测量出你想要的家具尺寸，并用彩色绳子或胶带在花园中做出标记。布置就餐区时，可以先将餐桌、餐椅搬到户外并观察其周围需要多少空间余地让人感到舒适，方便用餐。这样，你就可以对这块区域的布置有大概的了解。休闲区一定要空间充足，没有什么事情比坐在一个拥挤的休闲区内更糟糕。

银香菊的维护和修剪方式与薰衣草一样，香味刺鼻。

受保护的休闲区

在地中海区域，人们大部分的日常生活都在户外进行，温和的气候和长时间的晴朗天气使得花园成为人们消磨休闲时光时最受欢迎的聚会场所。炎热的夏日，人们可以在大树和凉亭的阴影下休息、聊天。现代疗养型花园也就是由这种花园发展而来的带有新功能的创意花园。地中海式花园将不同的文化形态融合成地中海特有的风格，其中展示的很多设计创意都可以毫不费力地套用在我们自己的花园上。你会发现：除了明显的形态特征和区域划分，材料的选择和运用以及种植的植物在休闲区的规划中也扮演着非常重要的角色，就像本书介绍的花园所展示的那样，通过对形状、色彩的协调以及对植物、建材的正确运用才能描绘出一幅让人联想到南欧花园的画面。

天然石材可以保证舒适度

天然石材建造的墙壁是经典地中海式花园中的特色元素。下图为如何利用矮墙及石墙来打造私密的花园空间提供了参考。石墙常被用来将橄榄树、柠檬树林以及功能型花园、观赏型花园梯田化。人们常常就地取材，利用当地的天然石材来建造围墙。

在现代的私家花园中，围墙不仅可以划分花园内部空间，还将花园与外界分离，并且也是地势高低不同处的过渡。当右上图中背后空地上的围墙对私密的休闲区起到阻挡视线和噪音的作用时，不同高度的墙壁也起

在石墙和阶梯之间嵌入了一条人工开辟的涓涓小溪。

绿植隐映的自然石墙旁，是一个古典地中海风格的休闲区。

到划分内部空间的作用。粗糙的石墙可以与高高的常绿造型植物以及木制或金属藤架很好地搭配在一起。一个同样由自然石垒成的台阶与一条人工开辟的涓涓小溪相伴，将休闲区和高处的花园空间自然地连在一起。

值得一提的是，巨大石墙的生硬感会被生长茂盛且看上去非常自然的植物打破。可以种植大叶醉鱼草（*Buddleja davidii*）以替代地中海区域典型的植物如三角梅、葡萄或橙子树，还可以种一些开白花的蔓生植物、灌木月季以及攀缘蔷薇。围墙底部被生长繁茂的小型喜旱灌木如薰衣草和多年生植物如半日花（*Helianthemum Songaricum*）覆盖。选择性地增添一些种上盆栽的夏日花卉，植被会显得更丰富、有层次。特别是这种疏密

左图：明快的线条和暖色调给这个古典休闲区赋予了特殊风格，这块地方被花团锦簇的玫瑰所包围。

之间的交织，让休闲区像一块被施了魔法的绿色天堂，给你自己和花园一点点自由空间，感受南欧的悠闲生活吧！

地中海式的围墙

因建造工艺的不同，人们将围墙分为挡土墙和"垒墙"。挡土墙是以石头、砂浆和水泥作黏合剂砌成的。"垒墙"是用加工后的石块，不用黏合剂直接垒起的，再在缝隙中种上岩石植物。在修建挡土墙时得特别注意，要在墙后铺设一层由碎石和沙砾构成的排水层，以及时排出土壤层的积水。

在小空间里营造
地中海氛围

只拥有一个小庭院或者露台？没问题！别沮丧，就算在最小的面积上，也可以变出一个古典的地中海式绿洲。古典地中海式花园中有如此多的设计创意，你也一定可以找到一些适合自己花园的东西。下图中的小小庭院完全受到了摩尔人传统习惯的影响。庭院的中央修建了一座华丽的星形喷水池，表面是蓝白色的马赛克瓷砖。

受到摩尔人传统习惯的影响，小小的庭院整体保持陶红色的色调。中央修建了一座星形喷水池。

在炎热的夏日里，池中的凉水可以给人们带来舒适的清凉感和美妙的流水声。蓝白色的马赛克瓷砖在庭院里的不同地方重复运用，包括台阶区域以及桌面的装饰。墙面和地面上温暖的陶红色与这种明亮的蓝白色彩形成鲜明的对比。多个种上柠檬、三角梅、棕榈以及地中海香草的陶罐被摆放在适当的位置，衬托出庭院的美丽。墙上一个摩尔式窗户正是古典地中海式花园的灵魂。图中的

小花园证明了，想把一个普普通通的小型庭院变成一个地中海天堂，有时候只需要少许色彩和少量要素的协调运用。

庭院特别适合打造地中海氛围，因为，与露台不同的是，庭院的环境在围墙的阻挡下是看不到的。这样的庭院无论是坐落在中国的某个城市中还是在西班牙南部，都很合适。

天空近在咫尺

右图中的休闲区展现出完全不一样的风格。这种古典地中海式花园风格在法国和意大利十分常见。低调的家具让小小的露台看上去大方、通透又明亮。少量景观元素的运用，例如种植了橄榄树和芬芳的薰衣草的大型亮灰色木制花箱以及那些木材及金属制成的纤巧、可移动的花园家具，都给这个露台带来了地中海气息。色彩在这里只被非常低调地运用。

这里没有强烈的陶红色和蓝色，只有银色、白色、灰色与柔和的蓝紫色组合在一起，这些色彩占据了整个画面。植物的银灰色叶片完全和地板上做旧木料的灰色相互呼应。栏杆边缘的橄榄树为休闲区构建了一道既富有吸引力又生机勃勃的边框，也增加了这里的生活气息，让人们的视觉焦点更多集中在内部空间，而两棵橄榄树之间的空间就像掀开窗帘的窗户，让观赏者的视线可以直接到达不远处的高大阔叶树。

右图：大型的灰色木制花箱里种植的橄榄树和薰衣草给人们带来一种地中海的轻松感。

浅灰色自然石板铺设的庭院被修剪成方形、常绿灌木的植篱打破。色彩和材料的选择让花园更规整。

古典地中海式花园的地面设计

让空间展现出完整的尺寸，这是设计古典地中海式花园中的休闲区的一个经验法则。两幅图中的花园证明了这一点：这里不仅仅是休闲区，还有更多未被利用的空旷花园面积都用大块的自然石板铺设。这种花园从本质上来说，更像是一个庭院而不是一个花园。但正是在这种小型花园里，通过统一色调和精心布置可以给人一个大气的空间印象，这样就会给聚会和休憩腾出很多空间。无论是作为漫步、享受宁静时光的港湾还是举办大型花园宴会的场所，这里可以满足你的所有愿望。

还有一些细节需要观察：将植物限制到更少、更小的地方，孤植的灌木、多年生植物或球根植物会成为人们的视觉焦点，这样孤植的植物会得到更多的关注，就像是花园的中心一样。接下来的难题就是，必须选择更具观赏性的植物，毕竟这些作为视觉焦点的植物得在任何季节以及从各个角度看起来都好看。

永远与视线平行

这里介绍的花园展示了不同的地中海式休闲区在类似的空间划分下可以体现出什么样的效果，以生动的方式说明了一个花园空间的效果是通过许多不同的部分构成的。除了空间的划分，材料、颜色和植物也十分关键。对页图中的花园让人们感到温暖和生活乐趣，上图中的花园规整、严谨的布局以及低调的色彩更像是一个修道院的庭院。方形

浅紫色调的花园家具与温暖的米黄色地砖形成一种好看的色彩对比。

的亮灰色自然石板不断被方形的植篱打破，被修剪成球形的黄杨和迷迭香按照顺序交替地种植成植篱。植篱的中央生长着一棵修剪成圆形的金边黄杨，丰富了植物的层次，让花园有了一定的结构感。这种创意适合所有喜欢将花园空间设计成不同形状的人以及那些梦想拥有一个全年都富有观赏性和吸引力的花园的人。上图的花园中，温暖的色调和流畅的空间过渡是花园的主调。米黄色的地砖、浅紫色的花园家具与开着紫花的植物形成美丽的对比。地面上也嵌入了一些种植区域。不同于对页图中的花园，地面上规则的空白处不是用造型灌木强调，而是被高低错落的多年生植物来打破。孤植的高挑乔木在炎热的夏日为休闲区带来婆娑的阴影。休闲区被一个由棕色、黄色和红色的砖块砌成的矮墙包围。那些种植在高处，开着黄色、白色、紫色花朵的多年生植物和花床里的一二

年生植物充满魅力，紧紧地吸引住来宾的视线。

在精心布置的花园里散步、聊天，是一种满足所有感官的享受！花园的布置还可以通过盆栽植物来进一步完美，种在一个石质的古老花瓶里的龙舌兰，就可以很好地装扮花园。

提示

只要拿掉一块地面上的地砖，然后放一些碎石和沙砾并种上喜旱的多年生植物。你会发现，花园风格会立刻改变，地中海风格渐渐形成。

地中海风格和现代风格并存

如果你喜爱现代设计，但是又被地中海式花园的宜居性和温馨感深深吸引，那么本书就非常适合你。直到几年前，当阿尔卑斯以北地区的现代建筑设计还是严谨、冰冷及极简主义的时候，地中海地区就以它的休闲感和对生活的热情，成了现代建筑设计理念的源泉。线条的走向有时候是大胆的，有时候却又是保守的，这样的地中海式设计十分有趣——无论是室内设计还是户外的花园、露台规划。

植物的选择讲究的是：少即是多。盛开的紫色薰衣草以及成片种植的黄杨是一个很好的例子。

地中海风格和现代风格并存，听起来好像很矛盾，却为花园生活带来了崭新的可能性。

室内装饰的原则，如空间的合理划分以及室内设计向户外的延伸，属于现代地中海生活型花园最重要的特征之一。这样一来，现代地中海式花园甚至可以实现餐厅、客厅、厨房的功能，而植物也给花园增添了色彩。独立的使用区域可以利用不同的方式进行划分，如右图中房前大气的露台被不同的材料区隔开来。略微抬高的木质露台使人们对独立居住面积的印象更加强烈。草坪如同一张绿色的地毯，在休闲区前标志着另一块使用区域。

面和线之间的有趣转换

右图中，均匀的绿色草坪只被路边的球形黄杨和树干高挑的细叶沙枣（*Elaegnus angustifolia*）打破。沙枣以其细长的银色叶片，彰显出地中海区域植物的特性。5~6月份期间，树上无数的花朵会散发出强烈香味。重要的是，必须定期修剪树冠，使树形保持开阔、舒展。柳叶梨(*Pyrus salicifolia*)也是一种好的选择，它和细叶沙枣外观相似。现代地中海式花园中经常运用的植物还有灰叶的灌木和多年生植物，如薰衣草、绵毛水苏以及观赏草。对现代地中海式花园来说，线和面、垂直和水平结构之间的转换十分常见。例如，高挑的乔木与扁平的枕型黄杨、成片的多年生植物或观赏草，露台、草坪与围墙形成了鲜明的对比。但要记住，最重要的是要将植物的种类和色彩限制在最少的范围内。单株植物的美观不是考虑的首要因素，植物景观的整体效果才是首先要关注的。

右图：房前的木制露台给无拘无束的时光提供了大量的空间。户外就餐区也用盆栽植物绿化。

花园中的壁炉

火是人类进化历史中一个不可或缺的元素。经过上千年的进化历程，人类学会了如何生火、保存火种以及利用火来服务生活。直到今日，我们还是抵挡不了壁炉或篝火在寒冷的季节里带来的吸引力和舒适感。因此，"火"成为现代地中海式花园最富有生命力的设计创意。在花园中，人们常将火与其他元素结合。图中现代造型的火灯以及耐候钢或不锈钢制成的壁炉中的火焰都将夜晚的花园变得如梦如幻。

壁炉绝对会成为花园生活的中心。火焰散发着舒适的温暖和朦胧的光芒让人难以抵挡。在花园派对上，人们可以围着温暖的壁炉聚在一起。到了夜晚，火焰温暖的光芒会将整个花园笼罩。让阿尔卑斯以北的人们在夏季花园里也能享受到很晚。一处噼啪作响的篝火和壁炉在全年花园季都会带来和谐的舒适感。

花园中的火

如果要在现代地中海花园中规划一处壁炉，那么，造型和安全都同样重要。

❖壁炉必须和建筑物及植物保持足够的安全距离。

❖在户外的火只能在有人照看时燃烧。睡前必须将火焰完全熄灭。

❖带有炉膛的直立型取暖火炉作为花园里的壁炉非常理想。超过头顶高度的排烟装

现代的花园壁炉和露台中央的桌子对齐。 壁炉边围墙的浅灰色色调，在壁龛和长凳上也重复出现。

置保证通畅地排除烟雾，也可避免烟雾污染。

由于壁炉在花园具有如此重要的作用，因此在现代地中海式花园里，将壁炉和谐地融入整体设计中尤为重要。

左图所示的花园中，高挑的壁炉以及与两旁的花坛及地面在材料和色彩进行了统一的设计，让壁炉和谐地融入休息区中。浅灰色、光滑的壁炉与古老砖墙形成了美丽的对比，将花园和外界分割开来。如果你的花园里无法安装固定的壁炉，也可以买到可移动

的火炉或不锈钢烤火台，花园火炬也是一种时尚的选择。

左图：现代壁炉是被砖墙包围的小型内庭花园的视觉中心。在火边，人们可以长时间坐在户外。

提示

特别适合作为在花园里烤火的木材有榉木和栎树。它们不含松脂，因此保证了燃烧的安静。木柴必须是干燥的，并且要至少贮存两年。如果你计划在花园里建造一处壁炉，也得考虑贮存木柴的地方。

在薄膜的作用下，水沿着金属墙均匀地淌下，被阳光反射出漂亮的花纹。

现代花园空间的设计

如今，个性化设计在现代地中海式花园中非常受欢迎。这样，去优化和实现一个非常规的花园创意，就可以理解了。在地中海区域，从强烈的色彩到花盆的个性化创意，再到水景元素不同寻常的创意的运用，都带给我们无限的启发。花园园主多么有个性，他们的花园就可以多么有个性。关于品味，不同的人有不同的想法。特别是富有想象力的人大多都希望拥有一个现代风格的花园，这不仅要能体现他们的个性，同时还能满足明确的功能要求。

大多数人看到图中的这个花园，第一眼都会被墙上强烈的玫红色吸引。慢慢地，才会关注其设计的精密性和艺术感。根据现代地中海式生活型花园的设计原则，面和线的

元素被巧妙地结合在一起。这个划分明确的设计，通过对少量色彩和高品质材料的运用效果令人折服。事实上，一个空间的合理利用和设计上的单一性，只在空间有限的地方才显得格外重要。右图中，从屋内看去，小花园像一幅可以在上面行走的画。打开推拉门，生活空间就与木制露台融为一体，这一切都突出了花园的空间感。室内的沙发也运用了这种强烈的色彩，让整体效果更为协调。

发掘色彩的奥秘！

小型的庭院花园更容易圆你的地中海之梦。并不是最奢侈或最昂贵的设计元素才可以创造出激发想象力并让你的思绪遨游地中海的空间，不同寻常的花园创意往往通过最简单的方法也可以实现。在这个花园中，色彩的作用高居首位。强烈的玫红色会让人想起地中海区域常见的三角梅的花朵颜色。此

右图：通过大胆的色彩运用和水景设计，实现多样的花园设计创意。

外，彩色的墙面设计再现了现代的室内装潢的趋向。花槽及水墙上的银灰色与暖色调的木制平台组合在一起，形成了一个创造性的对比。丰富多彩的彩色墙面及花园中的水景元素的大胆运用，为形形色色的花园创意设计提供了无限可能。

动与静的转换

这个户外空间一眼望去，没有草坪也没有树，很难让人想到它是一个花园。然而，空旷的地面却符合建筑学原则。将经过精心挑选的攀缘植物等景观元素搭配在一起，创造出非凡的景观效果。

木制露台的两旁都是半高的立方体花槽。其中种植了开着蓝紫花的攀缘植物，爬满了墙面，带来一丝清凉。攀缘植物的根部种植的是观赏草和开蓝紫色花的草本植物与攀缘植物的蓝紫色花遥相呼应。这些植物打破了花园强硬的线条。与此同时，这个花园延续着现代花园的基本设计原则，每个花槽里只选择了一两种植物，不以量取胜。设计师有意识地把玩了自由生长的植物和造型植物之间的转换，这是一种静态和动态之间的游戏。

长方形的花槽，修剪成正方形的黄杨在通往花园后方的过渡区域再次出现。而动态主要以水墙的形式展现。水在薄膜的作用下，沿着镀锌铁板墙均匀地淌下。水比任何元素都更能代表自然的活力和变化莫测。此外，薄膜会反射阳光，给花园空间和与之相邻的室内空间带来更多光线。

古老的野豌豆品种'Matu-cana'的花朵闪耀着强烈的色彩。

地面铺设材料

1 形态多样化　天然石材的一大特征就是形态多种多样。无论是古典的铺路石、方形地面板材还是阶梯石块，都可以在16～17世纪早期的意大利别墅花园中看到。将天然石材运用在现代花园中，会带来一种奢华感。

2 自然石　自然石有各种各样的颜色和形状。图中平整的蓝色的页岩板和明亮的细碎石组合在一起，使花园在视觉上给人一种特别的冲击力，而且走在上面还会有细微的声响。

3 木桩　木桩十分坚硬，且带有好看的纹路，因此非常适合与碎石子搭配在一起用来铺设花园的路面。

4 碎石　碎石在古代的地中海式花园中就常被用作路面、广场及庭院的铺设材料。通过重新的演绎及组合，碎石为现代花园开辟了更多可能性。

5 废旧建材　古老的砖块、碎瓦片或陶瓷碎块等废旧建材可以被重新组合成富有艺术性的马赛克装饰。无论是用在地面还是墙面，马赛克都能使现代生活型花园充满个性化。将马赛克装饰和传统的摩尔式花园联系在一起，使地中海花园中的古典元素得到了再现和重新演绎。

6 植物的种植　植物也可以和铺砖地面进行组合。取出几块地砖，然后用沙质土壤填满凹槽，再将低矮的地被植物种植进去。

7 直线排列　直线排列和罗马式排列是铺设纹路中常用的两种方式，可以设计出富有表现力的地面。如果将石头线型排列，可以通过铺设纹路的方式强调视觉轴。星形花纹相对来说显得更富有观赏性和装饰性。

植物爱好者花园中的休闲区

在植物的选择和搭配设计方面，爱好者花园的规划与古典或现代地中海式花园完全不同。例如，在古典及现代地中海式花园中，植物组合的外形对其风格与氛围有决定性的影响，而在植物爱好者花园中，植物本身才是主角。但休闲区的设计也十分重要，还是要享受花园时光，更好地欣赏那些奇妙的植物或艺术品。下图及对页图很好地展示了如何将种类丰富的植物自然、和谐地组合在一起。花园的主题是那些耐寒且喜阳的草本植物、小型灌木及观赏草。由

从建材到植物的过渡十分流畅。这里的多年生植物可以越过路面和地面生长。

于这些植物的盛花期可以从夏末一直延续到秋天，因此，在设计时应注意花园中的休闲区应在较冷的天气也可以聚集最大限度的热量，这对植物的生长十分必要。这块地方处于整个地形中花园中心的最低处，这样处于较低处的设计即为下沉式花园，如同德国多

年生植物教父卡尔·福斯特在波茨坦的波尔宁地区建造的著名下沉式花园。低洼的地形利用围墙分隔开来，并常常用绿化带环绕，以形成一个有利的微气候，满足喜爱温暖植物的需求。我们为什么不充分利用这样的环境打造一个舒适的休闲区呢？但为了方便从房间到达这块区域，建议把休闲区设置在一个大气的阶梯的末端。

一块风景美好的温暖之地

左图中，一面由小型的深色粗石砌成的弧形矮墙可以吸收阳光并储存热量，让人们在傍晚时分依然可以感受到舒适的温度。在矮墙上覆盖与台阶相同的石板。明亮的地面让这个空间看上去很大气。材料的颜色与自然生长的植物，如观赏草及一些灰叶灌木相呼应，显得特别和谐。图中展示了夏末的花园中仍处于盛花期的植物。从下沉式休闲区的每个视角，都可欣赏不同的风光，但无论从什么视角，植物都是花园的主角，这才成就了一个植物爱好者花园的魅力。

右图：粗石筑成的矮墙边，休息区散发着地中海气息。

丛林中的隐匿处

植物爱好者地中海式花园是多面的。我认为，最令人惊艳的是丛林式的花园。受到地中海沿岸植物爱好者花园的影响，丛林式花园在地中海式花园中占据着非常重要的地位。从根本上来说，它和古典地中海式花园几乎毫无关系。除了有着和地中海地区同样温和的气候，它和古老的花园中规整的格局没有联系，与乡间的田园风光、橄榄园以及薰衣草田也没有什么共同点。它是一种非常奢侈，被稀有植物的爱好者所创造的花园类型。植物爱好者们不满足于在阳光房里种植这些富有异国风情的植物。这种想在与植物原生地气候条件相差甚远的环境中栽培散发着异国风情的植物，促进了园艺

的发展和交流。今天，这些愿望都可能成为现实。因此，你可以用这样一个异国风情的花园创造出一个完全属于自己的天地，它与周围如此不同，以至于需要一个界限来区隔。创造出一个隐匿处，让梦想花园变为现实是植物爱好者的目标，这一点对于花园规划来说决定性的。

私密的场所

休闲区的建造位置必须足够私密，能够免受干扰并且完全看不到邻近的花园。把休闲区建在花园的边缘还是中央区域，取决于实际情况，没有固定的规则，但选择的是向阳处还是背阴处很重要。

如果有可能，你可以使用可遮挡视线的

高大植物组成休闲区的边界，可以选择刚竹等自然生长的植物，因为修剪成型的绿篱与野性、茂盛的丛林花园不协调。大多数丛林植物都能长到几米高并且在冬天也是常绿的。但要注意，种植刚竹要设置地下壁垒，否则那些四处蔓延的根茎会让整个花园长满竹笋，甚至会扩散至邻居的花园。在专营店里可以买到由特别合成材料制成的阻根板，将其埋入地下70厘米的深处，并用耐用的铝制型材将拧紧以固定末端。

在花园里探险

接下来，要考虑的问题就是如何让休闲区给人的印象与花园创意相吻合。可以建造热带雨林国家中常见的小木屋，代替那种带有预先安装好雨篷的露台。合适的材料有耐候性木材、竹子，它们的异国情调可以使花园小屋变得无与伦比。屋顶上可以铺一层由一条条相互连接的油毛毡组成的防水层，并在防水层上覆盖枯枝落叶或将攀缘植物引导到屋顶上，让小木屋更加充满丛林风情。这样一个不同寻常的休闲区更像是为探险者准备的，因为它一定会打破你在一些花园设计上的审美标准。这样一个主题鲜明的植物爱好者花园会对你的花园设计基本观点有一个全新的阐述：这种花园是一个将梦想变成现实的见证。这在私人花园的建造历史上是全新的。

小小的后院中也能打造出一个小型雨林花园。休闲区可以在3块平面上被灵活的使用。

左图：在这些类似热带植物的植物中，坐落着一座小小的木屋。绿叶植物中掩映着一些鲜花，使这种景观看上去十分完美。

花园里的木材

木材在带有丛林风格的植物爱好者花园中起到特别重要的作用。在原始森林中，除了木材几乎没别的材料可供使用。建造为露台、屏风或露台时，要选用耐候性木材。以前推荐首选热带木材，而当今有了经特殊处理后非常耐用的当地木料，如洋槐及落叶松。

地中海风格的家具

一个花园不只是遵循着某种特定理念设计建设而成的，家具及植物配置也十分重要，才使一个花园成为生活型花园，遗憾的是这常常被忽略。将不同的多年生植物种在同个位置，形成的效果会完全不同。家具的形式也对花园的整体效果起到决定性作用，花园越小，每个单独的细节就越会受到关注。想象一下，当你走进一个私家花园，露台上的家具立刻吸引你的注意力，如果它们符合你的审美，你就会马上被这个花园吸引。你可能不会马上注意到地面，但是地面铺设对露台的风格塑造还是非常重要的。地面铺设不只是与色彩和明亮度有关，形状和结构也影响其效果。一块表面粗糙、由多边形地板砖组成的深色地面和一块表面平滑、由规则四方形地板砖组成的地面看上去风格完全不同。第一种地面看上去粗野、自然，而第二种更典雅、高贵。例如，明亮的地板砖可以让一个空间显得更大，但是如果你选用非常浅色的、抛光的地砖，地面会反射出刺眼的光线，从而毁掉你努力营造的美好氛围。

让花园的画面呈现在脑中

如果你只是想在脑海里有一个花园初步的画面，还不需要对所使用的材料和家具都有详细的了解，还可以在购买时再进行咨询。主要的准备工作是将以下几个关键点进行具体化。

❧你是怎么考量你的花园布局的：是花园呈现出的氛围更为重要，还是你更注重舒适感？当然，你也可以结合这两者进行设计！

❧你更偏爱哪些颜色？可以通过色彩的配置使个性化的品位在花园中也得以实现。

❧你希望让家具和谐地融入花园中还是形成鲜明的对比？

回答了这些简单的问题，可以将你带到实现梦幻花园的起点。当然，你也可以和专业的花园设计师多交流。将自己梦想中的花园一步步变成现实，比用一个设计好的普通花园替代你的想象要好得多。

花园家具

借助于现代生产科技，藤质或纺织的以及不仅耐候还抗紫外线的纤维材料都已被研制出来。这样的家具价格当然也不菲，高品位的设计也让它们富有装饰性。所以这些家具既可兼顾舒适感，也有雕塑的装饰性。这类家具需要一个简洁、安静的环境，以充分展示它们相应的效果。

右图：设计师将家具的舒适感和不同寻常的外观融为一体。它们在结构规整的花园休闲区中，能够发挥出最佳效果。

家具和色彩

1 长凳　长凳在墙根前的长凳是舒适的休息处。将长凳和墙面刷成同样的颜色，可以让较小的花园空间显得更大。你可以用石材或木材自己制作这样的长凳。摆放合适的靠枕，让它看起来更加舒适、完美。

2 花园古董　图中这座石质长椅犹如艺术品般引人注目。长椅上经过多年的风吹日晒形成了一层由地衣和苔藓构成的铜绿色。在常绿大戟（*Euphorbia characias*）的衬托下，长椅看上去就是一件艺术品。

3 木制露台 　和色彩相近的转角长椅营造出一个温暖的休憩环境。地板和座椅是同样的颜色，显得特别和谐、舒适。

4 富有设计感的家具 　这种扁平的休闲型椅子并不一定舒适，富有设计感的家具的外观常有不同寻常的比例。无论如何，座椅高度对于观赏花园的视线起到决定性的作用。

5 蓝色 　蓝色容易让人联想到希腊。色彩鲜亮的长椅给不那么吸引人的花园角落增添不少色彩。将家具刷成醒目的颜色，可以赋予它们新生命。

用地中海风格的墙漆装饰的车库后墙也可以变成休闲区的背景。

从花园到生活区

　　接下来，你得为自己的花园创造一个框架，即自家花园和邻居之间的界线。栅栏、围墙、绿篱以及未修剪的可以遮挡视线的高大植物都是不错的选择。它们划定了整个花园的界限，并且创造出一个封闭的空间，但要注意不能给人局促的感觉。

　　许多园主都认为，不给花园限定边界，让它和周围融为一体才能更让小型花园看起来更大。如果花园和周围环境的风格看起来是和谐统一的，这样的方法是可行的。但是，打造地中海式花园时首先要考虑周围是否有看上去像地中海的风景，可以和你的花园形成一体。

打造用来做梦的个人自由空间

　　地中海式花园在我们这会显得有点"另类"。它造成了一种错觉——在地中海度假的感觉。正是由于这样的原因，你得划定自己的花园的边界。如果花园较小，建议你使用相对较硬的边界如围墙或屏风墙，这很迎合现代花园的创意。在地中海地区也有无数这种小型花园的范例，如内院和非常适合居住的小型前院。当你完成了对花园大框架的打造，接下来就是内部的细节布置了。这时，已有的建筑可能会提供很大的帮助。

由常绿紫衫或黄杨组成的条状绿篱给人一种通透感和空间感。

这块休闲区散发着地中海生活的轻松感。水泥地面的缝隙中生长出来的多年生植物，对于整体氛围的营造非常重要。

合理利用现代建筑元素

做计划时，不要低估舒适的角落对于休闲区的重要性，它们可以设置在已有建筑的附近。例如，如果房屋的右边角落有一间车库，这个地方就非常适合安置一块不错的休闲区。我们可以将车库的墙面上刷成蓝色或者用攀缘植物绿化，使它和整体花园风格和谐统一。你可以以这种方式把建筑带入设计方案当中，这是对已有建筑的充分利用，发挥其地理优势。

如果你不打算建造一座新花园，而只是重新布置现有的花园，更要充分利用现有的建筑元素。露台可以用新的地面铺设、布置一些新家具或改变一下附近的植物配置都会有全新的效果，将花园变成一个地中海绿洲。

个性化的花园设计方案，不仅包括花园的设计与布置，也包括从开支到预算的个性化。你如果不能一次性将一切都转变成现实，就要将注意力集中到单个、基本步骤的实现上。之后，可以在后期的阶段中慢慢完善计划的其他部分。

花园的建筑元素

　　地中海式花园的美好氛围是需要经过精心的设计才能实现。建筑等固定元素会确保花园的结构和用途，这些在设计建造时都应该慎重考虑。

　　花园的建筑元素——概括了花园中的所有构筑物，它们划分面积，并会一直对花园的空间感和景观产生影响。这些元素不容易移除，所以建造时必须经过慎重的考虑。材料的耐用性起到决定性的作用。这些花园建筑元素包括围墙、栅栏、屏风墙还有花园小屋、凉亭、拱廊、藤架，当然还有不可或缺的花园小路。花园中的所有建筑元素都有各自的作用。

用有意义的元素代替无意义的装饰

　　藤架和拱廊第一眼看上去像单纯的装饰品，这种古老的的花园装饰元素看上去会很美。如果一个藤架是搭在平整的区域或露台上面，这意味着它可以遮阴，而拱廊可以衬托出下方的道路，并让它延伸的方向显得更为突出。如果你认为这样的花园元素很好看，就得考虑清楚它们适合放在哪里。一般来说，你可以在古老的花园中找到相关的范例。在这些花园中，你可以生动、直观地了解很多关于比例的问题。一面墙、一条路或者一个藤架是由什么材料制作的，都是次要的，而这些不可改变的花园元素的位置和走向对于一个花园的结构和风格来说重要得多。

优秀的整体方案

　　如果你不确定亲自选择的花园建筑元素是否设置在合适的位置，就请试着设想，如果一口井不在这个位置上会怎么样。如果这块地方没有这口井同样吸引人，你就得继续探索。相反，如果这个地方不能缺少这口井，就表示这是正确的安排。单独的景观元素和整体方案之间的关系十分重要，因为在实践中经常出现这样的错误，例如将巨型的自然石墙安置在小型花园里，还有毫无意义的弯道设计。尤尔根·乌拉格，一名在许多花园风格领域都很活跃的设计师，曾经建议他的同事去观看好的艺术展，以获得对比例的直觉，提高对色彩和形状的敏感度。这是一条正确的道路，因为花园设计就是一门艺术。

一堵墙也可以让人着迷——尤其是作为花园装饰。

经典的天然石墙

地中海地区的花园中最原始的一种材料就是石头。它是几个世纪以来除了木材以外用于划分地块、牧场和内院的最好材料。用石头建造的房屋在欧洲南部非常常见。经过粗糙加工的石头，显得既入画又浪漫，而且还非常自然。这种效果石墙是有生命的：不用填缝材料，直接将石头一层层垒起来，多多少少会形成明显的缝隙，随着时间推移苔藓等植物会占据缝隙，使整个墙面充满活力。如果你不喜欢这种石墙上的青苔，应当选择深度加工过的石材，并将缝隙填充上。如今，市面上有各种不同质量和价格等级的石材供人们选择。总体来说，我比较赞成在地中海式花园中使用多个世纪以来当地一直使用的自然石。如果你喜欢温暖的颜色，可以选择砂岩及其他色彩相对较温和的石材打造富有地中海特色的围墙和地面，比如在爱好者花园或现代地中海花园中常见的一些设计。

丰富的可塑性

一般来说，石头的可塑性极其突出，根据不同的加工形式，可以适应各种完全不同的风格。在你考虑用混凝土或其他建材建造界限时，不妨再考察一下石材吧。天然的石头经过工业加工，就会形成看上去既整齐又

断石墙在古老的建筑中十分出名，人们常把它们和浪漫、原始的感觉联系在一起。

这块下沉式的休闲区看上去不同寻常，非常挡风。

自然的边缘，适合那些不喜欢过于粗犷风格的园主。而未经过任何加工的石材，应用在花园中显得十分自然，野趣十足。

配也能产生吸引人的效果。可以用混凝土、木材等材料和石头搭配，既富于变化，又有柔和的对比。

咨询专业人士

　　建造具有支撑作用或者作为隔断的围墙，不能缺少建筑学的知识，必须由专业的施工队进行，避免不正确的建造可能会造成的危险。例如十字缝隙，也就是说至少两层以上的石头形成的直线缝隙在大型工程中不仅难看，也不够坚固。石头还有一个优点——和很多其他材料组合在一起效果也很好。它可以和古典的地砖铺设地面协调，和混凝土搭

左图：一堵由断石垒成的围墙在地中海区域起到支撑的作用。图中的石墙将斜坡拦截。从上面长出悬挂下来的迷迭香和开着蓝紫色花朵的蓝雪花。

提示

　　根据不同的加工方式，石材的外观大不相同，或典雅或古朴。地面铺设的石砖大多是多边形或长方形。抛光过的大理石特别适用于高级古典或现代设计方案。

布置一个私密的花园空间

地中海式花园设计和其他风格的花园设计一样，独特性是关键。如果你成功地通过不同隔断视线的方式为花园打造出的一道和谐的屏障，就已经为花园的氛围打好了基础。特别是在休闲区，为了私密性，一道好的屏障是不可或缺的。假设整个花园或者休闲区从邻居家的窗户里也能看得到，就要仔细斟酌屏障的最佳位置。如果花园已经被浓密的植物遮挡得严严实实，你应当想想，到了寒冷的季节，当所有的树叶都落光后是否还能保持这种私密性。即使你在寒冷的季节很少在花园中待着，花园也应当保持私密性，并且依然具有观赏性。因此，常绿植物十分适合用于视觉隔断。许多常绿乔木与地中海式花园的风格非常匹配：冬青、桂樱（*Prunus laurocerasus*）、葡萄牙桂樱（*Prunus lusitanica*）是优秀的隔断视线的树木，它们生长速度非

木制栅栏从本质上来说不属于地中海风格。但是我们可以用防水彩漆给它带来一个全新的面貌。

常快，冠幅大，因此非常耐修剪。

除了围墙以外，花园中最常见的屏障就是栅栏等木制屏障。园主们都很喜欢使用这种类型，因为它们的价格范围很广，可以用较少的预算很快实现一个效果不错的屏障。大多数木制屏障对于现代的地中海花园来说却不适合。但如果种上攀缘植物，让其覆盖木制屏障，或将木质栅栏刷成蓝色或热烈的橘红色等颜色，这可能就是一种折中的解决方案。地锦等生长快速的攀缘植物只需要两三年就能做到。如果在屏障旁种植了攀缘植物，必须选择牢固的支撑装置，因为攀缘植物在多年后会给的栅栏带来巨大的负担。

适合栅栏和围墙的植物

拉丁名称	中文名称	攀缘方式	株高
Aristolochia durior	烟斗藤	缠绕	7米
Campsis radicans	厚萼凌霄	吸附	10米
Clematis armandii	小木通铁线莲	卷须	6米
Clematis viticella	意大利铁线莲	卷须	3米
Parthenocissus tricuspidata	爬墙虎	吸附	15米
Vitis coignetiae	紫葛	卷须	15米
Vitis vinifera	葡萄	卷须	10米
Wisteria floribunda	紫藤	缠绕	20米

耐候钢制作的围墙作为花园界线是古典主题中一种现代的变化。未经处理的钢材表面上的暖色调和露台上色彩缤纷的多年生植物遥相呼应。

量身定做的木制屏风易于搭建，并且可以为开放的花园空间提供可靠的视线隔断。

具有装饰的围墙

除了木质栅栏，在屋边休闲区前建造隔断视线或挡风的围墙会更适合，因为它们可以和房屋更协调统一。近几年，在休闲区后面建造独立的墙面逐渐流行起来。人们往往只建一面墙（这样也需要一个牢固的地基），而其装饰作用明显大于它的实用性。一面独立的墙只能提供非常有限的挡风效果，而且只能遮挡单一方向的视线。但是它就像一张幕布，在其前方可以用适合的家具尽情演绎不一样的风格。

这样的墙面会因花园的设计风格而显得或现代或古典。对于欣赏现代设计风格的园主来说，材料的首选是混凝土和耐候钢。植物爱好者花园可以选择木材、竹子制作的富

有创意的屏风墙。但要注意，竹子是天然的材料，有时可能会染上污渍。

现代的视线隔断元素

1 玻璃 在很多建材店里都有各种颜色的玻璃可供选择。在花园里最好只使用夹层安全玻璃，它有一层特殊的内膜，在撞击下不会碎裂。

2 彩色墙面 由混凝土等坚固的材料建造而成的彩色墙面，需要打地基才足够坚固。彩色墙面可以为现代花园带来不一样的视觉效果。

3 百叶栅栏　百叶栅栏是一种非常好看的现代屏障，十分适合现代地中海式花园。

4 干垒墙　干垒墙是不用水泥等填缝剂固定直接将石头垒砌而成的，因此，必须格外注意石头的大小和位置。特别注意，不要让十字缝隙出现，它们是"软肋"。

5 石材　除了新的石材，建筑物拆除时留下的废旧石材也可以加以利用。发挥一些想象力，就可以用它来打造一个带有窗口的墙垣。

花园的小路和阶梯

小路的设计是花园规划中最重要的一部分，能够方便游览和维护花园才是真正的好设计。但是路的走向应该是什么样子，才能满足这一重要的标准？答案很简单：必须将花园里重要的点连接在一起。这当然不只适用于地中海式花园，而适用于所有的花园，从市郊小菜园到大型绿地公园。即便在空间很有限的私家花园，路的走向有着极其非凡的意义。

也许这样的小型花园就是诠释这个理论的最佳范例。没有什么比在花园的草坪区周围设置一个细长的花床，并用一道宽度正好便于行走的硬质小路将草坪隔开，以便在下雨天也可以抵达花床更糟糕的了。在有限的面积中，道路会在视觉上给人造成很大的影响，因此，道路通向哪里就显得非常重要。在70平方米的花园中打造一条环道显然不太合适。更好的做法是，用小路将屋前的露台与花园尽头的大门连接在一起——而且最好是直线连接。直线道路最受欢迎，因为最为便捷、直观。而且我认为，最短路线的理念在其他任何大小和风格的花园中也可以应用。设计花园小路的困难在于，将路相连的重要的点之间位置的选择。这时，视觉参考点如花园凉亭或雕塑会变得尤其重要。也可以采用一个纯实用的方案，这样你就可以快速地到达休闲区。通往堆肥点的小路上装满花园垃圾的推车也要引起重视。

花园小路必须实际适用

路的宽度也得经过仔细考量，主要道路应该至少可以让两人并行。如果路通往草坪，却只有80厘米宽，只能一人走在上面，当你想带他人参观花园时，却让他在草坪上来回走，是不礼貌的，1.5米的宽度就会好多了。

路面铺设也要能够在相对频繁地使用下承受一定的负担。例如说，如果你经常使用割草机或其他容易产生污染的机械从路上经过，易脏的路面是不值得推荐的。此外，路面铺设的材料必须和花园相融合。路面和休闲区可以用同样的材料进行铺设，这样可以将两者很好结合在一起，而通往休闲区的道路看上去也会非常吸引人。路面的铺设材料十分丰富，从不同的地砖到碎石、鹅卵石，再到大理石和彩色的护根覆盖层等，你的想象力和设计不会受到材料的限制。如果你想强调路的方向，你可以将路面铺设得非常醒目。这样的情况常会出现在一条古典地中海式花园中心的主道路上，两旁种满造型灌木，

右图：石板路面带来秩序感。杂砂岩花坛平整的表面和黄杨、薰衣草组成的植物群落非常搭配。

行走的舒适性

如果你倾向于干净的道路，最好仔细选择铺设材料。可以看看地砖潮湿时颜色会不会发生变化，会不会过于湿滑。碎石子的大小对于碎石路的舒服度起决定性作用，因为大颗粒的碎石踩上去会不舒服。

笔直的路径适合作为视觉轴的强调。在许多拱架形成的拱道中，这种导向特征再次被加强。

混凝土阶梯随着时间的流逝会长满苔藓，充满地中海情调。在地中海地区，人们常用简单的木制扶手。

通向花园的另一块区域。如果路通向的是一个在可视范围内的终点，并且要引导人们对终点的景观元素保持高度的集中和关注——例如一尊雕塑，这条路就得保持低调，不喧宾夺主。在所有花园元素需要被突出的地方，路面铺设都要尽量低调。色彩鲜艳的花床边上，一条不那么引人注目的道路看上去更舒服。

相反，如果你想创造一个强烈的对比，种有银叶植物的边缘花坛边上泛着蓝色光泽的碎石路面的效果会格外突出——砖块或路面碎石是不那么"高调"的选择，也更容易融入古典的花园风格中。

在地中海式花园中，所有温暖色调都会对花园风格产生影响，因为色彩用简单的方式渲染出南欧的气氛。

路的走向都需要一个明确的理由

很多人喜欢在小花园中铺设弯曲的路面，因为他们认为这样会给花园带来更多变化，但这是一个误区。在小花园中，只有当自然条件不允许时才要将路和花床设计成弧形的，例如需要将路绕过一组树木或一块大型障碍物。一定要注意其中的比例，如果仅仅为了

右图：混凝土路绕过不规则形状的碎石区域。

一块5千克重的石头去改变路的走向，是没有多大意义的，还需要更有分量的理由。

最好的花园，往往是那些花园创意能够满足花园园主的需求，又能依据自然地貌进行设计的花园。

花园小路的设计艺术和阶梯的建造紧密相连。阶梯通常是用来连接花园的不同高度的空间，它们往往是路的一部分。阶梯在地中海地区的花园中有着悠久的历史，因为许多古老的地中海花园是真正的梯田式花园，在这样的花园中，人们可以通过足够宽的阶梯便捷地从一个庭院达到另一个庭院。

阶梯的规划和建造并不简单，最好还是交给专业人士。材料方面也有很广泛的选择。

块状阶梯特别好看，它们是由一整块或很多块巨大的石块组成，极其坚固。如果想有技巧地填补不平整的地方，也可以使用手工敲碎的石子铺设阶梯，使阶梯更平整，便于行走。

藤廊、凉亭和花园小屋

最初在地中海地区是否有藤廊，我们只能猜测。但如今，藤廊在地中海地区的花园中十分常见，形成下图中这样背阴的林荫小道有两个重要因素：其一是藤架葡萄的种植，还有另外一点就是人们对可以休息或用餐的阴凉处的强烈渴望，而藤廊和拱廊就能够满足人们这样的需求。它们作为景观元素的主要作用是给花园带来结构变化。藤廊就是在道路上方搭上藤架并种上攀缘植物。而拱廊更为封闭，它和花园小屋或凉亭之间的区别就是，拱廊是高大的乔木茂密生长后枝叶交错形成的。真正的拱廊就是经常可以在古老的花园中看到欧洲鹅耳枥和

椴木这样典型的造型乔木形成绿色的空间。如果你打算建造一个藤廊，那么和凉亭一样，得建在花园中的重要位置。不必位于人们的视觉中心，但必须是建在一块可以观察到花园美景的地方。

不必总是最经典的解决方案

并非所有的藤廊上都要长满植物。在现代的花园当中，有许多的可能性去建造一个如雕塑般的回廊，比如用钢材或混凝土与钢梁结合。原始的藤廊在过去150年历史的花园设计中也被当作结构设计元素，但很可惜，它们如今只被当作纯粹的装饰，就像玫瑰拱门一样。

快速搭建起来的藤架往往不耐用。未被

攀缘植物爬满覆盖的藤架也必须有一定的观赏价值；一个长满植物的藤廊必须足够牢固，以承载如紫藤这样生长强劲的植物。因此，一个量身定做的设计方案绝对比直接购买一件成型的藤架要好得多。藤架的支柱可以用石头或暖色调的砖块搭建，横梁可以使用坚固的钢梁，或加工过的耐候性木材。一个牢固的藤廊能让人享受植物提供的阴凉，还可以在下方休憩、娱乐。

可以腾出空间的装饰性创意

凉亭似乎就是浪漫、欢乐的一个代名词，凉亭与花园小屋的区别是，不能像一个室内空间一样使用，因为那些可以买到的凉亭成品的四周部分都是开放的。商店里有足够多的令人满意的凉亭样式供你选择，适合各种风格的地中海式花园。凉亭也可以像藤廊那样爬满植物。

建造一个可以储物的花园小屋也是有意义的。现代住宅中，人们对这种储藏小屋的需求越来越大，因为许多新房子没有地下室，也缺少存放小推车和园艺工具的空间。这样就很容易理解为什么现在的花园中常见的配置便是这样成型的小木屋，而它的设计也要符合地中海的氛围。而在较老的花园中，常常会发现带有苔藓或粉刷过的石砌房屋。花园中的建筑，无论多小，都会对花园产生长久的影响。因此必须精心挑选、设置。

左图：花园角落里非常简单的一个藤架，与邻居家的地块接壤。其现代的造型和地中海植物非常相配。

用铁艺架搭成的绿叶拱廊显得既通风又轻盈，下面的小路上长满了紫花猫薄荷。

大小很重要

许多凉亭最大的一个问题就是面积有限：如果你想在凉亭中放置桌椅（没有什么比在绿叶覆盖的凉亭下喝杯咖啡更美好的事情），就应当选购一款足够大的凉亭。较小的凉亭只能作为装饰，基本上来说没有多大的实际意义。

遮阳篷是一种可固定的遮阳设施，和现代风格相当匹配。也可以在屋顶上利用。

创意遮阳装置

阴凉处是花园中最珍贵的休憩地之一。到了炎热的夏日，舒适、凉爽的阴凉处也是人们极为渴望的。地中海地区阳光充足，因此，在地中海式花园中，阴凉处早已扮演了重要的角色。因此，在意大利文艺复兴时期的经典花园中，种植了许多高大的乔木供人乘凉。由"博斯科"——16世纪的人工树林，发展为后来分布整个欧洲的宫廷花园中的小丛林。如今我们不可能在花园中直接种植一整片树林，但是我们至少可以从历史中学到，树荫对于遮阳有着无与伦比的优点——会随着太阳的位置而移动。在地中海式花园中，那些枝条向外伸展、冠幅很大的乔木品种值得推荐。美国皂荚（Gle-ditsia triacanthos）成年后还会有着一个非常透光的树冠，其羽状复叶和装饰性的刺与受到南欧影响的花园非常匹配。白叶肥皂荚（Gymnocladus dioicus）的生长习性与美国皂荚树相近，但是生长较慢。美洲黄槐（Cladrastis lutea）树冠较透光，白色的长型圆锥花序散发出阵阵怡人的香味。小型花园适合种植在地中海区域常见的开粉色蝶形小花的南欧紫荆（Cercis siliquastrum）。不太被人熟知的栎树（Quercus）中有两种品种同样适合小型花园，分别是与冬青栎的混种（Quercus x turneri 'Pseudoturneri'）和有着绿色叶片、褐色新枝的墨西哥栎树（Quercus rysophylla）。当然，还有许多其他品种的乔木可供选择，因此，向一家好的苗圃咨询是绝对有必要的。

可以利用拱廊或凉亭的形式打造一个惬意的遮阳设施。

枝叶稀疏的树木或株形松散的大型灌木在所有需要散射阴影的地方都很常见。

遮阳篷非常实用且容易操作，在所有充满着现代气息的花园中都很合适。遮阳篷形成的阴影比树荫更均匀，非常舒适。但由于遮阳篷通常都很大，非常醒目，花园会立刻退居幕后，成为这个突出物体的舞台背景，因此，应当谨慎使用。在狭小的空间里，遮阳篷会显得更加显眼。当然，我们也可以在一个设计得十分富有个性的遮阳篷下上消磨一天中最热的时光，这对于植物爱好者花园来说是一个好的解决方案。

适合地中海地区的林荫树

拉丁名	中文名	树冠形态	高度与冠幅
Albizia julibrissin	合欢	伞形	5米×5米
Castanea sativa	欧洲板栗	圆广形	8米×6米
Cladrastis lutea	美洲黄槐	圆广形	15米×12米
Cercis siliquastrum	南欧紫荆	漏斗形	5米×3米
Gleditsia triacanthos	美国皂荚	椭圆形	10米×10米
Gymnocladus dioicus	白叶肥皂荚	椭圆形	10米×8米
Magnolia tripetala	三瓣木兰	伞形	7米×5米
Quercus x turneri	夏栎与冬青栎的混种	圆润形	5米×4米
Quercus rysophylla	墨西哥种栎树	松散的锥形	8米×5米

庭院和天井的打造

如果你曾到地中海地区度假，一定会对那里无比美丽的庭院记忆犹新。无论是城市还是乡村，都看到各种各样的庭院。在地中海地区，庭院是人们的聚会点，特别是在大城市中，庭院往往是人们可能在家门口闻到清新空气的唯一地方。过去的几年里，建筑师将越来越多的注意力放在庭院上，因为人们对这种蓝天下的空间更加看重了。天井是一种特别的庭院形式，它和那种老旧的楼房中阴暗的院子不同，而是地中海地区一种生活文化的见证。"天井"这个名

大城市中，庭院是建筑群中的一小块绿色空间，可以将它设计成地中海式的绿洲。

词来自于西班牙语，它指的是在文艺复兴时期的老房子中央的庭院。早在中世纪，这些院子就是受人欢迎的逗留之地，即使是一天中最热的时段，人们也可以在树荫或遮阳篷下消磨时光。当意大利的天井首先在宏伟的别墅式住宅中被保留时，它们在安达卢西亚

也成为小型城市房屋中不可分割的一部分。尤其是古老的科尔多瓦，至今仍以其梦幻般的天井而闻名世界。这些地方大多数时间都不对外开放，只有在每年5月份"最佳天井"比赛期间才对外开放。我们可以从那里带走很多庭院设计的灵感，并且学习到如何用很少的面积打造出一个令人满意的、大方的绿色整体画面。

连接住宅与庭院的过道

从住宅到达庭院的过道应该是通畅的。庭院和天井唯一的区别就是其建立的位置。天井最初位于房屋的中心，而庭院则没有位置的限制。因此，它完全可以建在主屋与侧屋或者游泳池与车库之间。当然，墙壁有助于建立一个封闭、隐秘的空间。只有最终使用的方式才是决定性的：庭院一旦形成，我们就可以在其中将花园氛围和生活的感觉融为一体。这样一个向室外扩展的生活区域的优点在于，庭院基本上从外面是看不见的，私密性较好，因为它完全被遮挡视线的墙面所包围。

庭院和天井从根本上来说和花园是有区别的：从本质上来说，它们不属于花园！这种认识对其正确的规划无比重要。它们是从一个特殊情况演变而来的，其边界被房屋所环绕的固定空间，只需要再进行布置的空间。这样特殊的地理情况也确定了一个事实：被墙壁围合起来的庭院和天井与花园区域并不

右图：一个极小的后院中种满地中海香草，就会变成一个香草乐园。充足的阳光是关键。

相关。但是其与住宅更近，因此也与室内拉近了关系，庭院更像是没有屋顶的房间。因此，我们也可以像室内装修设计一样去规划。

许多花园设计中的规则在这里都派不上用场。你便不必花太多心思在统一道路的走向问题上，因为庭院和天井往往和露台一样，大部分都被硬质材料铺设，植物都被种植在特意留出的花床或花盆内。坚实的地面铺设对于天井来说很重要，因为天井多数只能从屋内步入。想象一下，如果得不断穿着沾满泥土的鞋子走进走出，会带来多少麻烦。总体来说，庭院、天井的规划和露台有许多共同之处，因此应当选择与住宅相匹配的地面铺设，以加强这两块区域之间在视觉上和谐的联系。

绿色户外空间的全新创意

庭院的位置基本上也决定了其用途。如果像在许多老建筑中一样，四周被高高的房屋包围，一天中可能只有少数的时间能被阳光照射到，在这里打造一个地中海式阳光天堂，就没有多大意义了。我们应该变不利为有利，回忆一下地中海国家的经典范例：那里的人们建造天井，是为了获取阴影和舒适的清凉感。如果没有这样的地理条件，也不必为此烦恼。在不那么明亮的位置，也可以打造出魔幻般的后院——会让人想起地中海地区家家户户的后院。这对看上去富有地中海氛围的装潢元素的考量也非常重要。空间越小，对家具和装饰品的选择就得越精心。围墙上的彩色油漆或吸引人的暖色调的石头，

越过几个台阶就可以抵达这个现代风格特征的小小庭院。

相邻的房屋、一堵围墙和古典陶盆中种植的地中海小果树——适合小庭院的设计创意。

都有助于在庭院中营造出一个地中海基调和一种亲切的氛围。一个对植物的建议：请考虑好种植位置！即便薰衣草和其他芬芳的香草十分适合地中海风格，但将它们种植在光线相对较弱的地方，生长不好也就没有意义。在光照不够充足的庭院可以栽培一些耐阴、轻微耐寒的异国品种植物。

左图：公用的庭院面积在商榷后也可以分割成许多部分，使每位业主都能打造出自己的花园领域。

提示

敏感的外来植物会从庭院里理想的小气候环境中得益。庭院在没有空隙的围栏中是风平浪静的，尤其在冬季，当许多来自南方的植物都无法经受寒风的考验时，这种小气候是一个很大的优势。当然，防风保护对植物来说依然是必要的。

小面积的现代解决方案

1 镜子　利用镜子可以使空间看上去更大。上图中，和墙一样高的镜子被安装在这个非常小的天井中，似乎将这个空间向外扩展。并且，利用统一的植物强调了这个镜像诀窍——图中是种在花槽中的油橄榄。因此很难判断哪个是镜像，哪个是真实。整个空间统一的色调加强了和谐的氛围。除了没有屋顶，这个天井看上去就像一个真正的房间。

2 高度差　不同的高度可以让一个庭院增色。这样虽然花费较大，但将有限的庭院空间打造成不同高度很吸引人，空间也得到了扩展。

3 木地板　可以在面积小的庭院中用木材铺设地面。木材既天然，又很舒适。

4 高雅的解决方案　可以将天井变为小型花园。这种方案对想象力的发挥几乎没有限制。图中，在墙前设置了一个阶梯式瀑布，两侧是升高的花床，里面种植着葡萄和鸢尾。

地中海装饰元素

　　一个用于展示遥远国度最美丽一面的花园，需要通过装饰元素来展现。在花园里，可以为实现美好氛围做一切事情，每个细节都要精心布置！

　　那些想要借鉴其他国家花园风格的花园，不只是依赖于一个好的空间规划，也归功于每个细节的布置。同样的，地中海式花园也依赖于装饰和布置。但对于装饰元素没有固定标准，更不会像日式花园中一样，对特定的地方有固定的安排。我们所说的装饰元素，是一些不属于规划部分的元素。

先规划，再装饰

　　对于一个科学的花园规划来说，一般是先将独立的花园空间和大小定好，在最理想的情况下，植物也应该考虑在规划内。花园规划主要还是围绕着哪些面积该如何利用，小路在花园中的走向。但你在设计图上找不到的却是该使用哪些家具，以及家具等装饰品的摆放位置。精心挑选的装饰元素是不可替代的，因为它们和花园风格结合得非常完美，装饰品的选择应随着风格的改变而改变。例如，如果你想打造一个丛林花园，经典的红陶罐就会完全不适合；而如果你希望拥有一个带有严格对称特征的古典花园，少了红

陶罐这些来自南欧的经典元素又是无法做到的。

装饰是自己的事情

　　用适合的装饰元素装饰一个花园很少被提前纳入规划，这给你带来了很大的自由，但也很难进行。装饰花园和在室内装饰完全一样，要选出适合整体方案的装饰元素并将它们放置在适合的位置。这挑战的是你个人的品位。经验告诉我们，在前期设计时对花园特定方向的限定越少，在装饰元素的选择上独立程度就越大。但要注意，古典花园需要具有永恒美感的装饰元素。你的花园也许不会存在几个世纪，但如果它应能在每个细节上都为你带来快乐。在现代花园和植物爱好者花园中，就必须要挖掘自己的个性化创意，打造属于自己的花园。

小细节会将人们的目光吸引过去，它们是应该经过深思熟虑后精选出来的。

古典花园的灵感

如果你已经决定走古典路线，可以参照很多著名的花园典范。在地中海地区的花园中，"灵感"指的是红陶土，这是一种最常用的材料，除了用在盆盆罐罐上，还被用在雕塑、浮雕像等装饰品上。受到古代摩尔人影响的元素也可以供你参考，包括墙面马赛克、小型的装饰喷泉和日晷。当然，商店里也满是优秀的创意。在装饰元素的选择上，你应当把注意力集中在你的花园风格上。在使用陶制品时，最好看的基本上是那些多少世纪以来几乎没有变化的形式。那些来自因普鲁内塔的陶罐和装饰品依然是最畅销的。因普鲁内塔陶土是一种油脂含量非常高、粗颗粒的土壤，它富含矿物质，铁含量尤其高。因普内塔陶土使陶制品充满生命，并且为其无与伦比的外观做出了重要的贡献。陶土制品需要特殊的加工程序，在烧制前，要使其在温度均匀的环境下完成干燥的过程。

只用最好的陶制品

与其他陶制品一般在热风中烧制不同，因普鲁内塔陶制品是放在火中烧制的。只有在长达60个小时、超过1000℃的烧制下，陶土中的细孔才会全部关闭。因普鲁内塔陶制品相当耐寒，它最多只会吸收最多1%的水分，而普通的陶土制品会吸收很多水分，这些水分会在寒冷的冬季冻结，导制陶制品很快破裂。因此，最好选择品质最佳的陶制品。用陶制品搭配植物可以使墙面富有生气。成

型的墙面浮雕如同塑像一样，在园艺商店中买到。为了给这样特别的饰品配上一个合适的框架，可以将它安装在墙面的壁龛中。地中海地区的陶制雕塑大多是在因普鲁内塔做成的，非常耐用。这样的雕塑放在经过加工的自然块砌成的基座上就十分合适。一个好的雕塑需要足够大的空间，来呈现出相应的效果。另外，你不必担心雕塑价格过于昂贵，可以用著名艺术品的复制品替代。我个人认为，一件好的仿制品比一件难看的艺术品要好得多。

水景装饰元素

水在装饰元素局部的表现形式上起到了一定的作用。壁泉或小型喷泉会给庭院或休闲区形成如画般休闲惬意的氛围做出很大的贡献。在花园中设置喷水雕塑时一定要建造一个合适的固定基座，使雕塑不会倾倒，日晷也是一样的，它们和古典地中海式花园非常匹配，最好将它们放置在十字路口的中央或者花园道路的尽头。小型花园中，它们在一块小小的碎石地上作为视觉焦点会显得非常和谐。而许多古典风格的装饰元素由于被过多模仿和使用，只能散发出不强的光芒。就像那些曾经极受欢迎的，用来装饰围墙和栏杆的松球，如今这些由各种材料制成的松球有不同的尺寸和颜色，却不再那么受欢迎了。

左图：来自因普鲁内塔的这些古典陶罐十分耐用，陶土也可以用来制作浮雕。

浮雕壁泉在园艺史花园中也常常用植物进行装饰。

古典装饰元素

瓷砖	陶瓷、陶土	用于墙面或地面装饰，单独或拼装出个性化的花纹
浮雕	陶土、石头	作为墙面或柱子上的独立装饰品
日晷	陶土、金属	作为一面墙上的独立物品或显著位置的装饰元素
雕塑	陶土、石头、水泥浇筑、陶瓷	艺术风格，单件或成行摆放
容器及摆件	陶土、铸钢、铅、陶瓷	用于种植植物或摆放蜡烛

古典陶制品

1

1 因普鲁内塔的陶罐　这些陶罐最初都是以古典的形式——比如带有花边，也就是人们所说的"Festons"（花形边饰）生产出来的。它们是意大利陶罐艺术的缩影。

2 因普鲁内塔的雕像　这些雕像十分耐寒，并且很少长青苔，因为这种陶土几乎不吸水。这个丘比特是一件看上去比较浪漫的作品。

2

3 绿植 植物可以给烧过的陶土艺术品带来一丝生气。镶嵌在墙上的艺术品和看似不经意长上去的攀缘植物，形成一种颓旧感。

4 动物雕塑 在文艺复兴和巴洛克时代，动物雕塑在整个欧洲都很受欢迎。它们显得十分奢华，成对摆放特别好看。

5 双耳瓶 用双耳瓶来种植一些季节性的植物是经典的搭配方式。成对放在阶梯入口或作为单件放在视觉轴末端的陶制基座上，会使它们大放异彩。

6 陶制瓷砖 烧制时的温度不同，瓷砖的耐寒程度也会不同。一些厂商专门在这种传统的材料上设计现代图案。单件也非常好看。

经典装饰元素

1 户外的瓷砖　户外的瓷砖必须是耐寒的。瓷砖可以组合形成吸引人的图案，让人想起摩尔人的艺术。

2 石制或陶制半身像　掩映在绿植中的石制或陶制半身像，使花园看上去像被施了魔法。

3 水泥浇筑的铸件　一种经典的奇特装饰，使地面充满生命力。

4 日晷 日晷在地中海式花园中是十分常见的装饰元素，有可以挂在墙上的，也有立式的。

5 陶罐 陶罐也应当放置在阶梯入口，十分引人注目。建议种植一些季节性的植物以便更换，效果会十分不同。

6 大花盆 大花盆和双耳瓶都是特奢侈的装饰品。单件、成对或成行摆放，可以使它们大放异彩。最好一直按严格的秩序摆放。

一个舒适、便利的现代风格香草花园，来自南方可口的美味使生活变得丰富。

现代花园装饰

在现代地中海式花园中，你可以有许多全新的尝试。装饰元素的设计感在这里起到了决定性作用，不过它们和大多数现代设计一样，既要美观，也必须实用。在充满液晶屏幕和网络电话的时代，一个现代花园可以说是当今这个信息化时代的全方位写照。从结构清晰、非常规整的表面处理，到现代花园家具，再到时髦的装饰品，现代花园的创新，几乎贯穿了所有的领域。在家具方面应以舒适的休息室家具为主，而到了装饰领域则可以选择极轻的人造材料，合成材料和玻璃纤维都属于这一范畴。用这些材料可以生产出具有雕塑般线条的家具，它们不一定很舒服，装饰效果却很好，这些造型奇特、色彩丰富的家具与花盆十分富有吸引力。在现代地中海式花园中，所有非常规的尺寸都受欢迎：极度纤细、高挑的圆柱花瓶或向外伸展的碟盆，搭配低调合适的植物变成真正的艺术品。在现代花园里，那句老设计定理"形式服从功能"就不一定适用了——造型复杂的花盆虽然好看，但往往不实用，因为其与地面接触的面积太小，空间不够植物根系的生长，而且也不够稳定，在风中无法承载大型植物的重量。

花园装饰与时俱进

能源管理对装饰的某些领域也产生了影响：有许多灯具是利用太阳能提供装饰性的照明。现代花园尽管追求时髦，却也是人们聚会、放松的地点甚至是家庭室外客厅。因此，你可以在花园里实施许多既富有个性化

墙上的镜子：这样的创意让生活区的距离变得触手可及。

废物利用：废弃的茶杯种上地中海植物就可以变成讨人喜欢的装饰。

又舒适的创意。混凝土浇筑的长椅可以用现代布艺靠垫适当进行装饰，就可以变成休闲区。在这里，人们可以欢聚一堂然后来一杯鸡尾酒。彩色玻璃是另外一种有创意的想法，在墙壁和其他屏障装置中镶嵌一排彩色玻璃窗的装饰，效果会非常不错。

现代雕塑无疑是一个花园中最大的亮点可以瞬间吸引所有访客的目光。除了雕塑，一些杂货如一个好看的花瓶、美丽的岩石或朽木放在基座上都会有出乎意料的效果，就像一件现代艺术品一样。当前，许多现代花园的设计创意只出现在园艺展览会上，令人赞叹，却很难作为可以接受的私人花园设计得到再现。这虽然非常可惜，但这些花园给人们留下了足够发挥个人创造力的空间，你

也可以充分发挥自己的主动性，但是这也要求一定的创造力：可以将室内的创意"复制"到室外，镜面挂在室外看上去会非常不寻常，种上植物的餐具也会散发出令人意想不到的效果。

给时尚人士的现代创意

经验告诉我，只有那些特别重视设计，同时也不愿放弃花园内部舒适性的人，才会选择这样的花园创意。找到合适的装饰品并不难，只要充分调动你的想象力并不断探索，对于地中海植物爱好者花园的园主来说也是一样的。

现代花器

1 漂流木　用漂流木来种植多肉植物效果十分出众。多肉植物根系较浅，可以完全适应扁平的根部生长空间。

2 高挑、纤细的形状　几个世纪以来，这种高挑、现代的造型都是时尚的。但一定注意比例，特别是稳定性，底部可以用沙子或碎石增加重量。

3 模仿自然的造型　这个种有红叶蛛丝卷绢的花盆，是仿照海胆的骨架制作而成的。

4 色彩 图中的花盆和墙面通过色彩完美地联系在一起。用这样的小创意，可以让人对花园空间产生一种风格统一的印象。

5 植物 植物和恰当的花器组合在一起时变成如雕塑的艺术品，尤其是当两样元素的形状之间形成吸引人的对比时。如图中的这棵翠绿龙舌兰（*Agave attenuata*）和圆润的花盆独具匠心的组合。

6 花槽 花槽就像是升高的花床，它们使植物进入人们的视线，更便于观赏。花槽是在庭院或露台花园中种植植物的最佳解决方案，但对花槽的造型和色彩有一定的要求标准。

7 建材 管道及其他可种植植物的建筑材料很容易与植物融为一体。它们的外形简约，可以很好地衬托植物。

陶盆可以让难看的墙面变成热情的花海。

组合盆栽

夹竹桃、柠檬树和木曼陀罗也许是中欧地区的地中海式花园中常见的植物。几个世纪以来，南欧的植物也渐渐被引种到寒冷地区栽培。人们带着它们翻越阿尔卑斯山，并将它们拥挤地种在欧洲贵族花园中的意大利式经典陶罐和木条桶中。由于这些植物不耐寒，人们在寒冷的季节为它们建造了供暖的建筑，一开始是一些简易木屋和可拆除的巴洛克式暖房，到17世纪逐渐变为固定的巴洛克式暖房，这些暖房在建筑学方面是真正的宝藏。如今盆栽植物的品种不断增加，也开始将耐寒的植物如黄杨种植在合适的花盆内，用它们来装点花园。在气候严寒的地区，栽种植物的花器必须也耐寒，除了前面提到过的因普鲁内塔陶制容器，铅制花盆和石头盆也能满足这样的要求。仿陶材质的造型容器看上去也非常自然。花盆必须足够大，使植物多年以后还能健康生长。在购买花盆时，宁可大两号也不要小一号。

合适的土壤可以让植物感到幸福

对盆栽植物来说，土壤的排水性十分重要。在可能的情况下，在盆底铺上由碎陶片或泡沫塑料块组成的排水层。盆栽土壤应该用富含营养的土壤和沙子进行混合，或者可以使用商店里提供的盆栽土壤。它们大多都含有一种缓释肥，可以在较长一段时间内为植物提供营养，使其健康生长。常绿乔木在冬季也需要浇灌，因为它们的叶片在冬天里也会蒸发水分。盆栽植物还可以作为设计上重要的花园装饰品。将同样或外形相似的植物种植在相同的花器里，成排放置是经典的方式。例如，可以把它们放在花园中央道路

右图：这些种在陶制容器中的植物组合散发古典气息，一个有着很多面貌的理想空间！

的两侧。即使这条路是贯穿一片普通草坪，通过摆放盆栽植物也可以创造出一种很强烈的地中海氛围。

多种风格的组合盆栽

百子莲以及其他紧凑型的植物如龙舌兰或新西兰亚麻（*Phormium*）非常适合盆栽。大型盆栽植物看上去虽然壮观，但这也表示其会将人们的注意力全部吸引到花园的某个角落。因此，请在一开始就选择那些和你的花园大小相匹配的植物品种。当然，那些可以在阳台种植的植物，放在地中海式花园里也显得非常和谐。暖色调的植物如万寿菊和矮牵牛都非常适合地中海花园。

对现代花园来说，外观非同寻常的植物十分值得推荐：多肉植物、观赏草、丝兰以及朱蕉种在现代花器中都可以组合出非同寻常的效果。此外，花盆是可移动的，植物是可以更换的，因此，可以不断产生新的组合，创造出不同的景观效果。

选择合适的盆栽植物

很多植物都适合盆栽。你可以在花盆里种植一种植物，或者将不同的植物组合种在其中。用原始的方法在花盆里种植外来植物是安全的。用这种看上去如同展示陈列的方式就可以将富有异国风情的植物呈现在大家面前。在地中海式花园中，常以盆栽形式种植柑橘类植物并成列摆放。几个世纪以来，人们培育出大量的植物品种，以便为你的露台、庭院或花园找到适合的宝贝。孤植的植物必须能够彰显出自己的"气质"，如具有优雅的姿态和富有装饰性的叶片，或者深深吸引住目光的美丽花朵。除了

种植位置很重要（大部分盆栽植物都是喜阳的，种在向阳处比在只有早晨或晚间仅能晒到几个小时太阳的地方生长会好得多），正确的养护管理也很重要。所有在整个夏季都开花的植物，都需要充足的养分，它们相当于植物界的"高效运动员"。

为健康的植物提供养分

一周一次的液体肥料或颗粒状的缓释肥对盆栽植物来说是必要的，这些养料可以使夹竹桃等植物健康生长。你得考虑到，所有盆栽植物的根系都只有很少的生长空间，无法在花盆中通过吸收有机材料转化而成的养分以维持生长！及时施肥除了有利于植物生长，还可以提高植物的抗性健康的植物比生

星花茄（*Solanum rantonettii*）是最受欢迎的盆栽植物之一。它需要充足的阳光以促进其更好地开花。

枫叶形叶片的天竺葵会开出着星形的花朵。它们在近几年中极受欢迎。

长不良的植物抗性强得多。混合种植的夏季花卉也特别好看。你可以从数以百计的植物品种中，根据自己的花园风格进行选择，针对每个地中海花园式风格都可以找到适合的组合和色彩创意。

　　天竺葵是我心目中最典型的地中海风格的植物之一。在地中海地区，它们在与其故乡南非相似的环境中，，往往很瘦小，被种在高高的墙头上的花盆或花瓶中。现代选育的天竺葵品种需要优质的土壤和充足的养分才能健康生长，但那些看上去像野生的小叶杂交品种和香叶天竺葵即使种在培养基和水中，也会生长良好。

左图：季节性的花卉可以改变一个容器的效果，甚至可以改变一个花园的面貌。种上绣球的花盆看上去不那么古板。

可盆栽的耐寒植物

拉丁名	中文名	植物种类	株高
Acanthus mollis	虾膜花	观叶植物	1米
Buxus sempervirens	黄杨	造型灌木	可造型
Caryopteris × clandonensis	蓝花莸	开花灌木	1.2米
Hydrangea macrophylla	八仙花	开花灌木	1.5米
Ilex crenata	齿叶冬青	造型灌木	可造型
Lavandula angustifolia	薰衣草	亚灌木	60厘米
Osmanthus x burkwoodii	木樨薯蓣	常绿亚灌木	2米
Viburnum tinus	地中海荚蒾	常绿亚灌木	2米
Yucca gloriosa	凤尾兰	观叶植物	80厘米

可移动的遮阳装置

遮阳装置在每个花园里都是必需的，因为我们会是在花园中度过许多轻松的时光。如果你是一个喜欢改变的人，可移动的遮阳装置绝对是最好的选择。用太阳伞或易于拆装的小型遮阳篷，可以随着太阳的移动给多个花园空间遮阳。遮阳装置对花园来说很重要，因为长时间的阳光直射会让人感到不适，甚至带来很大的伤害，尤其是在紫外线强烈的地区。很少有人喜欢在刺

可以根据预算找到合适的遮阳伞。费劲地撑起太阳伞的时代已经过去了，现在有一种很稳固的悬臂式太阳伞，其自动撑开装置很容易操作。

悬臂式太阳伞对于较小的花园空间非常有用，因为其伞座不在被撑开的伞的中心位置，而是设计在伞的边上。因此，人们可以充分利用其提供的阴凉处。在没有多余空间的露台上，这种悬臂式的太阳伞意义非凡。

高科技可以让阳光变柔和

遮阳伞的设计也随着高科技发展，形式越来越灵活，材质也有了更多选择。如果我们把花园当作生活空间来用，就需要遮阳伞良好的遮阳效果为我们带来的舒适。这种伞在外观设计上也与时俱进，这样才能与现代风格的花园完美搭配。对遮阳伞的实用性起决定性作用的是可移动的伞座，它们应当可以稳稳地站住，但又不能太重，要便于移动。与遮阳伞相比，可移动的遮阳篷和遮阳顶操作起来更麻烦，因为它们需要和墙面或独立的柱子固定在一起。为花园选择什么样的遮阳装置，主要取决于你的喜好。

悬臂式太阳伞可以更好地利用空间，并且看上去非常现代。

眼的阳光下喝咖啡。但是对光线的感受很大程度上取决于温度。人们在初春喜欢到户外享受温暖的阳光，在较低的室外温度下，光线的直射反而让人非常舒服。对于地中海式花园来说，太阳伞非常适合。太阳伞的形式有非常多的选择，十分便于在花园中运用。

右图：虽然遮阳篷的搭建较麻烦，但它能给人提供舒适的阴影。

花园照明的全新概念

这是一个多么美好的画面：即便黄昏和暮色已经笼罩了整个花园，地中海式花园还是被新的光线所照亮。花园里的东西在夜晚灯光的照射下，会给人带来小小的震撼。一个拥有专业照明系统的花园，在夜晚会给人一种全新的视觉享受。

你可以用灯光突出花园中吸引人的部分，并为花园布置不同的氛围。无论是为了指向性和安全性，还是为了满足审美要求的照明，都可以用照明设施达到理想的效果。为了使花园得到完美的烘托，你必须考虑你最希望从哪个位置观赏它。这些地方可以是内院、露天长凳或爬满绿植的拱廊。如果想在冬季从屋内享受花园景色，我们也可以通过照明设施，欣赏窗外的花园夜景。

如果你想在视觉上让花园看上去更大，可以在边界处用大型乔木及灯光进行强调。这样的效果体现在一排高高的大树上会非常好看，同时也阻止了夜幕中黑暗的入侵。

绿篱旁，花园夜景会完全随着花园照明设施的设置而改变：光源越远，其影响越大；推近射灯，枝叶的结构会更加明显、更为立体。

植物不仅仅只是白天受到关注，夜晚也是照明的对象。彩色的花朵、观赏草和纤细

的树木在夜幕降临后，被光线照射得看上去像艺术品。而且观感会随着季节和天气的变更而变化：雨和雪在灯光下会产生不一样的效果。只有针对性的局部灯光相互配合才能产生协调的效果。一个平均分配到整个花园的照明，会让花园像在室内一样，平淡无奇。局部的光源会使花园笼罩在一个明显更美妙的氛围当中。如果我们在规划时注意室内光线和花园空间光线之间的关系，效果会更加让人满意。

对植物的照明只能使用散热少的光源。过高的温度会诱发嫩芽在初春生长过早或者灼伤植物。彩色射灯的使用效果十分有趣，它们可以加强甚至改变一种植物的观感。

不要低估自然光源如蜡烛或火把的魔力，它们会营造出浪漫的效果。

光也能带来安全感

如果你想晚上在花园中逗留更久，那么，花园道路的照明就显得很重要。请选择可调节方向的灯具，并让灯光直接照在地面上，避免过于刺眼。休闲区的光源安置得太近，用柔和的光线照在背景上会更好，才能营造出舒缓、放松的氛围。

水面的照明也是一样的。在池塘、小溪或泳池里面或旁边布置照明，可以营造出浪漫的效果。随着风在水面荡起的涟漪，灯光也会产生变幻莫测的反射效果。安装在水面下的光源，会让周围的花园笼罩在柔和的光线之下。

左图：通过不同种类的光源可以在较小的花园和露台中打造出变幻莫测的氛围。

在为花园选择照明设施时，由于灯具种类太多，我建议你做一个照明试验，有些厂家可以提供这种服务。这样的服务会使决定做起来更容易，同时也会避免意外的出现。安装灯具和布埋电线的工作则应请专业电工去做。

正确的打光方式

有两个重要的规律，可以帮你正确选择照明种类：首先，自上而下的照明会产生深度并展现一个有趣的花园空间；其次，自下而上的照明，也就是接近地面的灯源，可以让道路或严谨的线条得到突出。卤素灯的光线明显比白炽灯要硬朗。光线的集中度和效果还取决于灯具的造型。

照明创意

1 火堆 火可以让花园在夜晚变得更舒适。火焰有一种特别的吸引力，并且给人们带来无限的温暖。如果你使用火盆，应当注意使其和家具以及植物保持一定的距离，而且要特别选择一个用来接住炭灰的底盘。

2 道路和阶梯 通过照明系统可以保证道路和阶梯的安全性。图中种竹子的花槽的照明不那么成功：圆锥形灯具安置得过于紧密，从而抢走了竹子那纤细的风采。

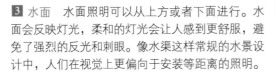

3 水面 水面照明可以从上方或者下面进行。水面会反映灯光，柔和的灯光会让人感到更舒服，避免了强烈的反光和刺眼。像水渠这样常规的水景设计中，人们在视觉上更偏向于安装等距离的照明。

4 创意照明 蜡烛放在这种用加工成型的石材筑成的透光墙面中，是十分理想的搭配。每个格子中摆放一个蜡烛，就可以形成一个精彩复杂的灯光秀。这样的照明方案非常独特，而且成本低廉。

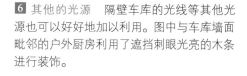

5 间接照明 现代花园中，间接照明的作用非同寻常，甚至可以决定一个建筑呈现出的基调。镶嵌在地面下的照明设备可以用彩色的安全玻璃覆盖。它们可以承载一定的重量，让人们安全地行走。

6 其他的光源 隔壁车库的光线等其他光源也可以好好地加以利用。图中与车库墙面毗邻的户外厨房利用了遮挡刺眼光亮的木条进行装饰。

花园中的水景

水在古典的地中式海花园中不仅是生命之源，还可以给花园氛围带来舒适的清凉感。在地中海式花园中，水还有很多的可能性……

希腊自然哲学家泰勒斯曾说过，"万物源于水"。恩培多克勒和亚里士多德则将水选为四大元素之一。一直以来，地中海地区的人们就将水也作为设计元素做研究，而对其特别关注是从摩尔人入侵西班牙南部开始的。因为，无论是圣经还是古兰经中的天堂，缺少了作为"生命之泉"的水都无法想象。对于我们来说，水这种会从我们的指缝间溜走的物质，不仅是生活必需的，还会给我们的花园生活带来不一样的乐趣。在南欧的阳光下度假、眺望大海对于许多人来说是美好的体验。看一眼接近自然的花园池塘、优雅的水池，平静的水面可以让人放松一整天。汩汩的泉涌、溪流和喷泉形成一个"天堂般"的声音背景。但这并不代表着水面越大，效果会越好。不一定非得是大规模的水上花园才令人惊艳，位置经过仔细考虑的小型水池也可以打造出让灵魂得到净化的重音符——无论是在平坦的花园中是在庭院、阳台和天台花园上。你可以用简单的壁泉、一个充满装饰性的鸟浴盆或一个微型地中海水景来吸引人们的目光。

无论是静止还是流动的水域都可以为，如蜻蜓、鱼以及鸟类等小动物提供生活空间，也可以种植植物。

每个花园都有适合的水景创意

你更热衷于从大自然中获得灵感，还是更喜欢遵循正规的建筑学上的设计原理，这取决于自己。但要注意，水池或者喷泉离房屋越近，水景设计的风格、比例、材料和色彩就要越接近建筑物。

在打造花园水景时还需要重点考虑如何完成：从"湿"到"干"在视觉上的过渡，是铺设一些石头等硬朗的岸边固定元素或者是在沿岸种上绿植。休闲区应靠近水面，以便在休憩时可以享受水景带来的生动和宁静的效果。

人工水渠前的微型壁泉，犹如一个镶嵌在巴洛克式洞穴中。

在科克郡的艾尔纳楚林岛上坐落着一个意大利式花园，其水景设计可作为典范。

古典地中海式花园中的水景

总体上来说，水景的设计方案可分为严谨正规和轻松自然两种，前者的花园结构被分割得十分规整，后者则是以大自然为摹本。在古典花园中，所有严格的水景元素形态都能找到适合的位置。例如各种大小的水池——石砌的或其他材质的规则几何形水池，在休憩时可以用混凝土制作（但必须给铺上一层防水膜）。如果你不想花太多功夫，也可以买到成型的合成材料水池，它们很容易安装。池边可以用石板铺设，让石板超过水池边缘一点会更好看，这样水池边缘可以隐藏在下面。地形决定了水池的大小和形状，可以是正方形到长方形，也可以是圆形或椭圆形。水池的大小并不是其观赏效果的关键因素，比如一个小小的壁泉或一个不足20厘米深的小水池，就能改变一个花园给人的印象，并且使花园生活变得更丰富。炎热的夏日傍晚时分，水带来的清凉感和抚慰人心的潺潺水声十分吸引力。

水景应当能和周围形成一个整体。除此之外，施工质量也很重要。水池不仅必须是密封的，还要抗冻。如果深度有限，冬季霜冻期来临之前必须将水放掉，以防止水池结冰导致水池开裂。

右图：在这个经典地中海式的天井中，所有的元素都被理想地融为一体。你也可以效仿！

因此，必须为水池安装排水装置，这样比用泵将池中的水抽出要方便得多，也可以在水严重被污染的情况下及时排水并轻松地将注入新水。这样，许多花园园主向往一汪清水的愿望便能够真正地得以实现。

睡莲——美丽的水生植物

大多数园主都希望拥有一个池水清澈、没有有机物沉淀的水池。这些有机物大多是花园植物掉落的树叶和花瓣，最后沉入池底污染水池。有时，由于水过久没有流动或更换，水池底会长出青苔。因此，一个强力的过滤装置和除青苔添加物是必不可少的。只有两种方法可以阻挡这种自然污染：要么让植物远离水池，要么到了秋季在水池上方拉一张网（但我认为视觉上完全无法接受）。

至少青苔可以通过而被抑制，比如在水池中安装喷泉。在水池中种植睡莲(Nymphaea)或者更娇气的荷花(Nelumbo nucifera)，也可以取得不错的抑制效果。如果要种植睡莲和荷花，水池分别至少得有60厘米和90厘米深。

睡莲和荷花可以在带有黏性塘泥的合成材料制成的花盆中生长。而喷泉和喷水池则不适合种植这些浮水植物，因为水柱会对它们的叶片造成伤害。

水渠和喷泉

一个规整水池的理想延伸,大多是直线型的水渠,有时根据地形也会和水梯或者人工瀑布连接在一起。与溪流相比,水渠在视觉和听觉上更为宁静。而且,在平坦的地面上它们特别容易打造。和其他平静的水面类似,它们可以让花园看起来更大、更正式。在小花园中可以开辟一条由小溪或规整的水渠形成的中央人工河道。排水沟作为必不可少的建筑元素,也常常直接出现在房屋的附近。水渠旁的伴生植物选择也应当同样严格,黄杨和紫衫这些常绿植物值得推荐,因为它们易于造型,可以被修剪成规则的形状。如果你想给花园带来更多的活力,可以在花园中安装喷泉。喷泉在两个方面特别突出:即使在最小的空间里它们也会显得非常活泼;可供选择的样式也非常多,石泉、壁泉、喷泉以及喷水池等都应有尽有。至今,在地中海的乡村地区喷泉仍象征着重要的聚会点和社区的中心。在文艺复兴时期和巴洛克时期,人们也常用喷泉和与其类似的装置装饰花园。法国花园设计亚历山德雷·勒布朗(1679–1719)认为:"喷泉和水在一起是花园的灵魂,是花园最高贵的装饰……"。

在德国的花园里很少出现喷泉。然而,水是地中海花园中特别重要的古典设计元素。除了石头和陶土,不锈钢、青铜、黄铜或紫铜也可以用作喷水兽和接水池的材料。想要

就像在希腊的皇家花园
中一样，简短的水梯与
台阶平行流淌。

将喷泉的风格准确地与花园融为一体，也需要用到植物。如果壁泉的周围没有绿色，往往会显得很苍白。建议你种植常春藤、蔷薇和铁线莲以及不同种类的观赏草、鸢尾和葡萄等植物。如果水池和喷泉在适当的位置，并加以配置现代的抽水和过滤技术，打理起来并不麻烦清理消耗会很有限。但要特别注意不要在风口处安装喷水池，因为风会将水柱吹走，毁掉精心打造的美景。此外，喷水的高度不要超过喷水点和池边的距离。将喷泉和雕像或雕塑联系在一起也会显得充满地中海情调。这些设计在古典花园中有许多应用形式，但都设置在很显眼的位置。保证水景可以从不同角度观看非常重要，也就是说，

左图：如果水池上占用较多空间，应当由专业人士建造，这样整体效果会更完美。

水景最好位于花园的中央，这可以使其看上去如同一件展览品。

石泉

石泉是一种受人喜爱的水景装饰，它们只需要很小的空间，可以安置在小型花园中，尤其适合放在休闲区的附近。大多数石泉是用现有的石材建造的。然后用碎石镶边。这样便可以很好地将它与周边融为一体。我们也可以将它设置在一个严密的框架中，例如在其周围种满低矮的植物。

古典和现代的水景

1 喷泉 喷泉适合设置在所有的规整式的古典和现代花园的中心点。喷泉有各种样式，价位也不同。

2 排水渠 不锈钢或瓷砖等制成的排水渠，在现代花园中越来越受欢迎，使正式的水池变得更加生动。由于水会不断流动，因此无法种植植物。

3 雕塑般的水渠 这个将镶嵌在石块中的不锈钢水渠有着雕塑般的效果。水的落差越大，声音越响。在规划时请注意将其安置在与生活区适当的距离，以免水流声影响生活。

4 大型喷泉池　在私家花园中相对少见大型喷泉池。池面的瓷砖铺设是不错的选择，使整个水池看上去富有异国情调。

5 溢流道　溢流道可以使在两个不同平面上相同大小的水池之间产生自然的联系。在这个碎石花园中，人们用木梁固定水池边的四周。

6 造型壁泉　常常可以在古老的泉池上看到这种造型壁泉。它们大多数呈现出是人类或动物头部的形状。怪诞的造型在16世纪非常受人们喜爱。

7 疗养　在现代的生活型花园里，疗养是一个重要的主题。圆形浴池在这个地中海式的环境中也显得非常匹配。

现代水景花园

在前卫的花园中，水的运用通常分为两个大方向。一种是把水作为非常自然的元素来看待，喜欢这种自然状态的设计师，大多不喜欢去打破这种水元素的平静，他们喜欢打造更安静的水面，如倒影池。扁平的不锈钢倒影池，有扩大空间的视觉效果。这种安静的水景可以给我们带来心灵上的宁静，也可以给花园环境带来同样平静的效果。

另一种方向是把水作为设计元素来对待，效果要戏剧性得多：水由管道或水渠排出，并且被设计得十分富有艺术性，如喷泉、水梯等，动感十足。

早在16世纪，欧洲南部就有了出类拔萃的艺术喷泉，它们赋予了宫廷花园新的生命。现在人们开始慢慢地将水视为花园的固定组成部分，现代水上雕塑正是这种类型繁复的演示。

新花园空间的一次革命

也许你有一大箩筐的创意，想要用来丰富你的花园。你更喜欢古朴典雅的还是引人注目的设计，完全是个人喜好问题。但要记住：花园的风格应和房屋相统一。例如，在一座如古堡式的住宅前修建一座线条硬朗的现代花园显然是不合适。因为喜爱现代设计的朋友们无论在室内还是室外，都同样重视理想的功能和视觉效果。对水景花园来说这

玻璃和耐候钢这些现代材料可以让水上设施成为舞台主角。

一块安静的水面中种植的植物看上去就像雕塑。

意味着，使用的材料也要和整体方案和谐搭配。

和谐。这样的设计组合加上精心设计的照明系统，会让花园看上去富有真正的艺术感。

水和材料的结合

在打造水景花园时，材料也会对花园的效果产生影响。不锈钢和玻璃制作的喷泉或水池显得严谨，但却可以让花园看起来更加简洁明快。耐候钢通过其锈迹斑斑的色调给人带来温暖的感觉，并且有着强烈的雕塑般的效果——很大程度上是因为许多当代都利艺术家都利用这种材料进行艺术创作。我认为混凝土比较中性，适合大多数花园风格。另外，蓝花、灰叶的喜阳地中海多年生植物如荆芥、薰衣草与混凝土的浅灰色显得非常

左图：这个带有水池的露台设施看上去非常现代，它是以经典的鹅掌造型建造的。有着严谨造型的植物最适合。

保持实用性

现代地中海花园中的水景元素必须是实用的，同时也要保持规则、简单，并与花园整体保持一致。喷泉和水池也可以很好地适应现代的建造。人工水渠在这里也会显得非常匹配。

植物爱好者花园中的水景

对于植物爱好者来说，水的作用更多的是体现在是植物生长所不可缺少的要素。植物爱好者花园中的需要保持一个良好的生态环境，让动植物可以自由地繁衍。

在植物爱好者花园中打造水景，不仅是大型的供水装置需要专业安装，小池塘或小

这个池边的田园风光呈现出热带雨林的感觉。一块简单的跳板让人们更方便观察大自然。

型喷泉池也需要进行专业的设计与安装，以避免出现问题。你应当主要将注意力集中在将岸边的景观效果设计得毫无瑕疵。毕竟，没有什么比在看上去非常自然的区域中发现防水膜残料或其他建筑材料更影响视觉的。对于自然池塘来说，打造一个从水池到岸边的和谐过渡则显得非常重要。在这里，许多景观因素都扮演着重要的角色。这种植物的

生长习性是什么样的？土壤条件如何？你想投入多少维护费用？这些因素在造园时都要考虑。许多园主都梦想着在花园中拥有一个植物多样性丰富的水面，种上睡莲、芦苇以及其他水生植物品种。但是，不要轻易在花园中尝试种植芦苇，即便它有着非常强的净水功能——其生长十分迅速，会很快失控。更适合在水边种植的植物有花蔺、黄菖蒲、菖蒲、金叶薹草、水烛以及直立黑三棱。宽叶的泽泻及驴蹄草也是值得推荐的静水植物之一。

通过植物净水

将水生植物种在装有塘泥的塑料篮中再放入水池中可以防止植物快速繁殖，并且保护池塘防水层不被扩散的根系破坏。如果水池中80%~90%的植被是选用上面列举的那些复原性植物配置的话，净水的效果会十分出众。它们可以吸收水中的有害物质和有毒的化合物，甚至净化至饮用水的标准。可惜不是所有的水生植物都富有观赏价值，但是以上提到的这些植物是真正的花园池塘宝贝。

剩下10%~20%的植物就可以根据自己喜好而选择，如水毛茛（*Ranunculus aquatilis*）或者沼生石龙尾(*Hottonia palustris*)都是颇具观赏性的植物。

右图：一个小小的方形水池让这个小小的花园变成真正的"世外桃源"，这是一个城市中的隐匿处。

图中的展示型花园以其涌泉水池展现了另一种类型的水景。

宁静的水面

宁静的水面对于私家花园者来说往往是水景元素主题中的经典。仿照自然而建的池塘到了18世纪才开始进入花园设计领域，更确切地说是进入英国自然风景花园领域。如果你想在花园里看到青蛙等小动物，而且想要一个植物群落生境，一个较大的自然池塘便是第一选择。它的基本形态与现代花园及古典花园中的水景不同，多以弯曲的线条而著称。理想的状况是将水池防水层按照定下来的大小一次性做好，这样可以免除接缝和裁剪处的粘接。也有用强化的玻璃纤维制作成型的整体水池，但我不太推崇这种类型，因为它们为个性化的设计留下了极少的发挥空间。黏土也可以用于建造自然池塘，且无疑是最环保的材料。至于池塘的位置，建议选择地形中最低处的凹地或盆地，最好附近有灌木丛、乔木和绿篱。乌龟、蝾螈以及其他的两栖动物可以在那里很好地隐藏自己，觅食及过冬。

总体来说，池塘应当建立在开旷处或至少部分能接受到阳光的位置。如果水面上方的树冠投下了太多的阴影，或者树叶以及鸟粪掉进水里，会起负面作用——阴处有利于水藻滋生，而树叶等污染物给水藻提供了养分，从而会堵塞吸泵过滤口。

一个池塘可以发挥生态作用

池塘越大、越深，外界环境对其产生的影响就会越小。在最理想的情况下，水域甚至可以在完全没有人为的帮助下保持一种生态平衡。在炎热的夏日，光是看一看水面，就能给人带来清凉感。为了可以让花园中的池塘或溪流为你在整个夏季都带来欢乐，你有许多工作要做。最重要的是要保持适宜的水温，因为当水温超过20℃时，池塘中的氧气就会变得紧缺，动物和植物受罪，而水藻泛滥。

右图：一个野趣十足的角落，同样可以在小型花园中实现。碎石代替了草坪围绕着小小的池塘，营造出浓浓的南欧氛围。

宁静的水面还是生动的喷泉

如果你想让宁静的水面富有生机的话，一条小溪或一个喷泉可以给池塘增添新鲜的氧气。喷泉既美观，喷射的水柱也能将新鲜空气注入池塘。为了可以找到适合池塘的喷泉，可以参照这么一条经验：喷泉水柱的最高高度等同于池塘的半径。这又取决于泵的功率以及所选的喷头，它们可以决定喷射力和水柱形式。这些设备是隐形的，因此不会破坏水面的美感，而通过一个按钮，你又能体验艺术喷泉的潺潺水声。

但在现代风格的花园中，自然池塘就不那么受欢迎了。在现代风格的花园中，水景都有一个特点——有明确的界限，可能是椭圆或者圆形的，但是主要是方形的。方形的水池更容易与规则、对称的住宅花园相结合，而圆形水池在大花园中效果更好。如果你的花园空间不是很大，前文提到过的倒影池是一种好的选择，因为它们的规格有很多选择。这样的小型水面在非常小的庭院或者露台上也很合适。

自然水景花园

1 自然池塘　自然池塘加上一块适合的休闲区也能被设计得富有地中海味道。图中休闲区用防腐木铺设，其四周的植物由典型的多年生植物组成。灰色叶片的大戟（*Euphorbia characias*）和其他的耐旱多年生植物生长良好，并可以在这块阳光地自播繁殖。

2 水景盆栽 这是一种十分适合小型的阳光露台和屋顶花园的装饰。

3 简单的喷泉 一块鹅卵石地加上简单的喷泉充满活力。一个镶嵌在地底，作为储水器的塑料桶加上一个泵就可以做出预期的效果。

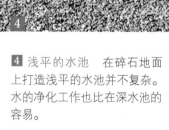

4 浅平的水池 在碎石地面上打造浅平的水池并不复杂。水的净化工作也比在深水池的容易。

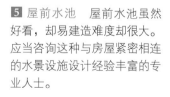

5 屋前水池 屋前水池虽然好看，却易建造难度却很大。应当咨询这种与房屋紧密相连的水景设施设计经验丰富的专业人士。

花床里的植物组合

一个花园只有种植了植物才能富有生命力，植物影响着周围的环境和花园的风格。地中海式花园为植物的选择与配植提供了空间，也给喜欢冒险的朋友提供了舞台。

地中海式花园有不同的风格。除了古典风格，还有现代风格及更具个性的设计，如植物爱好者花园。地中海式花园风格的丰富性也对多样化的植物组合有一定的要求。即便许多在地中海地区常见的植物不够耐寒，不能直接在我们的花园中栽种，还有很多与之相近的植物可供选择。

提到地中海，你可能马上就会想到木槿（*Hibiscus syriacus*）、三角梅这类耐寒的灌木。木槿在夏季会开出充满异国风情的花朵，让普通的花园中变得与众不同；丝兰（*Yucca filamentosa*）常绿的剑形叶片也能给花园带来不一样的感觉。还有在许多花园都有种植的蒲苇（*Cortaderia selloana*）是一种来自南美的观赏草，成了花园中的常客。这些异国植物常常看上去十分特别，因为它们原生于完全不同的气候区域。但是，这种差异却不影响大多数园主对它们的浓厚兴趣。如果你想打造一个富有异国风情的花园——这无非就是多种植一些比较奇特的植物种类。去园艺店多看看那些灌木和多年生植物，其中有多少是真正的异国种类，会给你带来很大的帮助。这其实也包括薰衣草这样常见的植物，它也不是在法国土生土长的植物。气候变化也为地中海式花园的设计带来了进展：那些曾经娇气的植物种类，如今在许多地方都可以种植了。

植物为花园定下基调

本书的第一章中就提到，植物对花园风格起了决定性作用，也是设计时的灵感来源。植物的生长形态也扮演着重要的角色，一些植物外形特别富有标志性。细长型的针叶植物（如柏树）和伞形的不同松树种类（如石松）对于地中海风景以及花园来说非常典型。我们可以参照它们的形态特征，寻找这类有着地中海风情的植物。

鸢尾更多被用作地中海式花园的边饰植物。

地中海式花园的典型植物

1 油橄榄　油橄榄（*Olea europaea*）是一种古老树种。这些常绿树种十分耐寒，在零下几摄氏度的环境中也可以毫发无损。在冬季温和的地区，你可以在避风的户外栽培。老植株比新苗耐抗。

2 百子莲　百子莲（*Agapanthus africanus*）来自南非，在整个地中海地区广泛栽培，有常绿和落叶两种。落叶品种比较耐寒，通过覆盖物稍加防寒也能很好地开花！

3 棕榈　棕榈是地中海植物的美丽代表。棕榈属中的一些品种耐寒性惊人。在一些大型苗圃中有不同的棕榈品种可供选择。

4 夹竹桃　夹竹桃（*Nerium oleander*）是一种常绿的灌木，其花朵常常散发出强烈的香味。在中欧，它只有作为盆栽植物在夏季盛开，而在地中海地区中会持续数月地怒放。

5 岩玫瑰　岩玫瑰（*Cistus ladnaiferus*）是一种常绿的小型亚灌木，它们以地中海地区为家，在贫瘠的土壤中也能够很好地生长。花色有白色、粉红色以及紫红色。紫花岩蔷薇（*Cistus purpureus*）等品种是半耐寒的。

6 柑橘属植物　柑橘属植物是地中海地区最古老的栽培植物之一。而在寒冷地区，必须在明亮、凉爽的环境中才能越冬。在温和的气候条件下，它们更喜欢室外环境。在柑橘盆栽的下方安置滑轮会更易于移动，也可以减少对植物的伤害。

167

气候问题

如果你想建造一个看上去像是被地中海的明亮阳光笼罩的花园，必须要面对以下几个问题：许多在地中海区域常见的植物都完全不耐寒，而在气候不如地中海温和的地方要如何去打造地中海式花园；还有，持续的梅雨季也与这些地中海植物不兼容。尽管如此，其他地方利用外形相似的当地植物打造令人感到惊讶的地中海式花园，也是完全有可能的。

总体来说，种植地点和气候的问题放在一起很难处理。我们很难在书中找到植物是否适合自家花园这类信息。因为每个地方都有其特殊的微气候，有时甚至会与你所在地区所属的耐寒区有大幅度的偏差——无论是有利的还是不利的。举个例子：同样在平时气候较温和的德国科隆平地的地区，一块空旷地的微气候可能会比市区恶劣得多。同样，在北方一些低地的气候明显要温和得多，因此更适合种植一些娇气的植物种类。

温度不是一切

关于温度也是一样的道理：如"最低可在-20℃的环境中生长"这样的说明实际上是有误导性的。选择正确的山茶品种，如果通过相应的保护措施或者有积雪的覆盖，也许植物能够耐受这样的温度。但如果持续数周的霜冻期降临或者植物所处的位置是没有遮挡且有大风的地方，同样的植物品种也许会在-10℃时就会遭受致命的伤害。我个人

的经验表明，寒冷的夜晚不断地观察温度表会导致因为担心植物健康问题而失眠。如果你种了比较娇嫩的植物，就要提前收看天气预报以便及时采取相应的保护措施，这能有效减轻你对植物的担心。先对自己花园的地形有个充分的认识：花园所在地是高地还是山谷。很多人认为山谷对植物来说是很好的保护，但实际情况正好相反：虽然夏季可能会稍微凉快一些，但是到了晚上，因为冷空气下降，山谷（即便是很小的低洼处）会变成一个冰冻陷阱。因此，到了秋季，山谷和洼地很早就会受到霜冻的危害，而初春霜冻的危害则会比平地持续至更晚。高地的情况正好相反。在海拔200米以上的地方可以通过种植防风林这样的辅助措施营造出一个较温和、不易受到霜冻威胁的微气候。

铺设很多碎石也可以打造一个微气候：通过吸收阳光，石头可以给香草园带来额外的温暖。

城区气候更温和

许多在海边的花园，那里经常温度非常低，而且风很大，为种植植物带来很大困难。但那里的园主们通过种植大型常绿灌木营造出合适的微气候，即便是比较娇嫩的植物也能在没有额外的防风措施下存活，并开出美丽的花朵。因城市的大小不同，城区与城郊的气候相差较大，有时甚至会有半个气候带的差异。这种对比在大城市中尤其明显，不仅仅是因为大量的建筑以及密集的人口，也因汽车尾气而形成的一种对植物来说更有利的气候。虽然城市的空气不比市郊或者农村好，但是确实更暖和。在极端情况下，市中心和城市周围会有10℃的温差。在寒冷地区，城区更适宜打造地中海式花园。

如果你的花园所在地较为平整、空旷，打造一个受保护的花园空间是必要的，你可以建造围墙或者利用耐抗的灌木如桂樱或大型针叶树组成防风林。即使你只种植耐寒植物的话，这也很有必要，因为打造一个舒适的微气候不仅对植物来说很重要，我们在花园中也会更舒适。

左图：水池同样影响着花园中的微气候，有利于种植地中海植物。

改变种植思路

无论你是想打造什么风格的地中海式花园，都必须和普通的植物说再见。因为将不同种类的植物无规划地种在花床里很有可能会变成杂乱无章的"大杂烩"。这根本就不算是花园设计，而是一种不太美观的植物组合形式。

花园是好创意的总和

如果你已经选择了一个特定的设计方向，只要你坚持这个方向并积极探索，就能设计出与众不同的花园，因为每个人的创意都是不同的。在设计及种植时你会发现，需要的植物会比计划中要多。例如，用薰衣草或其他多年生植物覆盖地面时，只有在达到一定的种植密度时，才会形成地被效果。如果只种植几株薰衣草，需要经过很多年才能形成一个植群，在这之前你必须花费很多功夫拔除荒地上的杂草。不过，在规划时也要考虑到，植物生长得越大，需要的空间就越大。

在一个受保护的庭院中，也可以在露天成功地栽培橄榄树。种植地的微气候起到决定性作用。

灌木生长2～3年以后就会出现问题：在购买时植物还很小，所以种植时密度较大，而长大后就会显得过于拥挤，既不美观，也不利于植物生长。大叶醉鱼草（*Buddleja davidii Hybriden*）的幼苗不足80厘米高，而仅仅2年后它们就能生长至2.5米×2.5米大！在花园中十分受欢迎的红叶樱桃李（*Prunus cerasifera* 'Nigra'）几年以内就会从细小的灌木长成枝条向四周延伸的大树。为了避免出现这样不适合的植物，应当在选择多年生植物和灌木时充分了解植物的生长习性及其成年后的株高、冠幅等。

橄榄树的替代植物

柳叶梨（*Pyrus salicifolia*）生长数年以后像极了一颗老橄榄树。灰色的叶片和有些杂乱的枝条也富有地中海效果。不过它是落叶的，而橄榄树是常绿的。但是这种灌木却非常耐寒。发挥一点想象力，你往往也可以找到适合的替代植物。

如果你用黄杨或其他造型灌木打造一个绿篱，你可以令人在其中放置一些较老的盆栽植物，效果会非常惊人，令人印象深刻。

用植物布置花园

选择好植物后就可以开始布置了，可以先从那些大型的乔木和灌木开始着手。请好好规划，你想使用哪些种类，它们以后可能会长多大，而你希望将它们控制在多大的生长范围内。不要被植物的规格说明吓到，通过恰当的修剪可以有效控制植物的大小。然后，再将小型灌木和草本植物种在理想的位置。最终，也就是作为额外的选择——我们可以种植一些球根植物。如果你特别喜欢某种不耐寒的植物，你可以尝试找一种适合的替代品。例如，那些像铅笔一样矗立在意大利风景区的地中海柏木(*Cupressus sempervirens*)，就无法适应寒冷的气候。替代植物可以是一些和这种柏木属性相同的植物：常绿、细柱状生长、耐修剪。当然，将这些属性综合起来只有针叶植物可以考虑。自然生长并特别细长的树种有崖柏属的'绿宝石'和很少被推荐的品种北美翠柏（*Calocedrus decurrens*）。这两种树很好购买，也不是很贵。它们需要经常修剪，使其与柏木看上去更相似。这两种针叶树当然都没有地中海柏木那种暗绿色调，但是不可能找到完全相同的替代植物。

适合的替代植物

2 胡颓子属 胡颓子属植物和橄榄树不是同一科。一些品种有着银色、有光泽的叶片,它们在很差的土壤条件下也能很好地生长。沙枣(*Elaegnus angustifolia*)可以生长成冠幅很大的大树。

3 柳叶梨 这是一种很好的橄榄树替代品种。它们会在秋季落叶,充分展现它们充满优美下垂枝条的美丽剪影。

1 橄榄树 橄榄树适合各种类型的地中海式花园。可以用其他耐寒、叶片银灰色的植物所替代。

4 地中海柏木　这是古典地中海式花园中十分具有代表性的植物。柏木并不耐寒，在一些寒冷地区不能安全地越冬。

5 欧洲红豆杉'长鞭'　欧洲红豆杉'长鞭'（*Taxus baccata* 'Fastigiata'）比柏木生长更慢，但是有着与其同样的深绿色调。经过正确的修剪，几乎无法分辨两者。在降雪多的地区，应当将高大、细长的乔木绑起来，以免其被积雪压垮。

高效利用空间的阶梯式花园

阶梯式花园是古典花园中的经典种植范例，从许多方面看都更像是对地中海式花园的一种致敬。右图中的阶梯式香草花园不仅展示了很多地中海式花园的典型地貌，也成功地将视觉效果与实用功能相结合。这个花园既是观赏性花园也是功能性花园。台阶中的花床里种植的是只需要低维护的香草，这样的花园对于工作繁忙的都市人也极为合适。而且，这些香草可以随时采摘以供食用。

除了可以在自然形成的坡地上打造这样的阶梯化花园，平坦的地面通过合理规划也可以被塑造得引人入胜。我们也可以通过抬高式花床来代替这种阶梯形式的创意。通过这样的方式，一个细窄型的连排别墅花园也能被设计得既特别又宜居。右图中选用的乔木是油橄榄树（ *Olea europaea* ）。这种常绿的小乔木可以承受零下几摄氏度的严寒。即便如此，在大部分地区，还是要选择更耐寒的替代植物。这时的问题是，你想强调花园的功能性还是装饰性。如果你选择视觉效果，银灰色叶片的乔木如柳叶梨（ *Pyrus salicifolia* ）或沙枣（ *Elaegnus angustifolia* ）会是第一选择。

如果花园的功能性对你来说更重要，你就可以种植果树。橄榄树是首选，其次就是沙棘（ *Hippophae rhamnoides* ）。无花果树甚至是有时候一些意大利苗圃会出售的老葡萄藤也是一种选择。这些例子也很好地证明了，只用一种具有代表性的植物就可以迅速地给人带来地中海印象。如果种植苹果树的话，这一切就会看上去像一个乡村花园。

香草也有观赏价值

在向南的台阶上，树下几乎只种植了香草。薰衣草、迷迭香和鼠尾草以及黄叶的牛至（ *Origanum vulgare* ）。许多香草植物都有好看的彩叶品种，它们非常适合在幼苗期栽培成活。另外，阶梯式或抬高式花床还有另外一个优点：如果你的花园黏土含量过高，不适合香草生长，可以将在抬高式花床中用渗透性强、养分含量不高的混合土壤填满，再用来栽植香草植物。

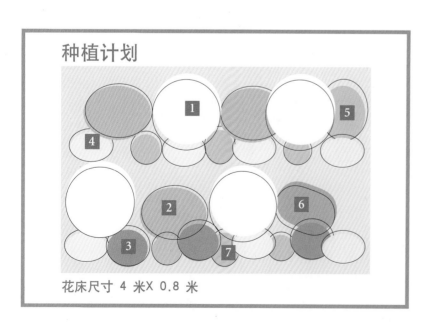

种植计划

花床尺寸 4 米 X 0.8 米

植物列表

1. 4株 油橄榄 （*Olea europaea*）
2. 9株 茴香 （*Foeniculum vulgare*）
3. 6株 紫色鼠尾草 （*Salvia officinalis* 'Purpurascens'）
4. 21株 金叶牛至 （*Origanum vulgare* 'Thumbles'）
5. 4株 药用鼠尾草 （*Salvia officinalis*）
6. 3株 迷迭香 （*Rosmarinus officinalis*）
7. 9株 墨西哥飞蓬 （*Erigeron karvinskianus*）

抬高式花床和阶梯式花园

阶梯化就是将花园铺设成不同的高度，也可以在坡地以外的地区进行。地势平坦的小花园也可以阶梯化，或者用抬高式花床的方式打造层次感。抬高式花床有许多优点，例如，在这样的花床上进行植物的养护工作时不用弯腰是非常方便的。

在设计方面，抬高式花床的优点是可以将花园进行重新分割，也能使庭院的空间利用最大化。露台上的抬高式花床也是一样的——可以作为有效的屏障。在这种情况下，抬高式花床比那些无法给植物提供充足的根系生长空间的花槽更有意义。露台的面积越大，可以打造的不同区域就越多。你可以通过这种方式，将花园分割出不同的高度，例如在较大的露台上安置两组座椅或者将一个躺椅将休息处用餐区分隔出来。

日光浴的好地方

对于植物的栽培养护来说，抬高式花床也是有利的。许多地中海植物都喜欢阳光并且需要很多热量，抬高式花床也有利于植物吸收阳光和热量。

此外，如果黏土的含量过高而不适合耐旱植物生长，可以在抬高式花床中使用根据植物的生长需求而配制的混合土壤。对于香草、耐寒的仙人掌和不喜湿的多年生植物来说，抬高式花床十分理想的生长环境。在抬

台阶旁的斜坡用堆垒在一起的木段装饰，这是一种接近自然的地中海式花园类型，但它没有石头耐用。

高式花床中，应先铺设一层排水层。60厘米深的花床大概铺设30厘米厚，由粗糙的碎石、沙砾或木屑组成的排水层，以保证良好的排水性，这对植物来说十分重要。木屑大约会在一年后腐烂，从而导致土壤表层下沉，这种情况下，就必须在土壤表层增添一些新的种植土壤。你可以自己配制这种种植土壤或者直接购买专用的混合土壤，例如一些香草专用种植土。

理想的土壤

适合岩石花园植物以及其他耐旱植物的种植土壤，可以由1/3的堆肥土壤，1/3的沙砾、细碎石或火山岩以及1/3的含黏土的花园土壤组成。黏土细小的微粒经过充分的混合可以履行一个重要的功能——保证养分在土壤中凝聚而不会立刻被冲走。抬高式花床中，两种分量相同的结构层可以利用一层薄薄的树叶隔开。

许多材料都适合用来制作抬高式花床。通过防水处理而增强了耐用性的木材，是经典、自然的材料。合成材料、混凝土或者不锈钢都是现代风格的材料。但不建议使用成

型的混凝土花坛，它们虽然非常方便，却缺少了地中海的感觉。不锈钢是一种较为昂贵的解决办法，但十分富有装饰性。植物色彩组合使不锈钢材质的抬高式花床看上去如同一件艺术品。通过任何加工形式加工的钢材都非常耐用而且易于打理。

玫瑰、鼠尾草、矾根、矮型老鹳草被种植在不锈钢材质的抬高式花床里。

适合阶梯花园和抬高式花床的植物

拉丁名称	中文名称	叶/花	株高	位置
Elaeagnus 'Zempin'	胡颓子	灰叶	1.5米	向阳
Genista lydia	矮丛小金雀	黄花	50厘米	向阳
Geranium × *cantabrigiense*	杂交老鹳草	白-粉红花	20厘米	向阳
Hosta clausa var. *clausa*	玉簪	深绿色叶	30厘米	半阴/阴
Lonicera 'Maigrün'	匍枝亮叶忍冬	常绿	60厘米	向阳/半阴

在普罗旺斯"度假"

经典的地中海式花园可以展现出其故乡地中海沿岸地区的氛围。有些古典花园设计得非常简单,它们与文艺复兴时期精细且规整的建筑和巴洛克式花园只有很少的相似之处:没有精心修剪的造型灌木,严格的对称特征也不见了,十分随意、自然。在自家花园中,这些营造气氛的创意可以很轻松地进行借鉴与转换。这里的原则就是:少即是多!事实上,如果一个正式的空间分隔没有通过那些常见的植物如黄杨、紫衫等造型灌木或其他绿篱来实现的话,取而代之的是一些景观植物,效果就会完全不同。近年来,在一个统一、规整的花园中,一种近乎自然的、看上去非常轻松的种植类型得到了重现。

实际上,要打造可以让人联想起普罗旺斯的薰衣草田或托斯卡纳可爱的小树林这样令人心旷神怡的景观效果,你只需要少数的植物品种。即便是小型的家庭花园,也可以从这些令人感到平静的植物中受益。下图中的薰衣草花园外围还种植了一圈椴树,使其与正式的花园设计风格融为一体。

少也能打动人

下图的薰衣草花田中间植着几株叶片灰绿色的柳叶梨(*Pyrus salicifolia*)作为花园的中心,效果十分抢眼。如果只将少数植物搭档组合在一起,它们会发挥出强烈的对比效果。图中醒目的强烈明暗对比是在柳梨树的灰绿色叶片和薰衣草的深蓝紫色花朵之间产生,薰衣草看上去如同一块深色的银幕背

草地种植如同图中看上去这样。所有植物的生长高度都几乎一样。观赏葱无疑是主角。

景，而花盆中的植物在其衬托下显得更加显眼。花园神秘而又多愁善感的氛围归功于薰衣草的蓝紫色花朵散发出的魔幻般的光芒，让人恍惚以为正在普罗旺斯度假。我选择这个范例，也是为了说明植物可以在多大程度上影响花园的风格和效果。想象这些薰衣草不存在，并设想，圆形花床的四周围绕着黄杨绿篱，而柳梨树下种植的是造型灌木，周围铺满碎石——你就会感觉像身处另外一个花园，即使花园的结构还是一样的。应注意及时修剪以控制柳叶梨的树冠，以免阴影遮住喜阳的薰衣草。一个小提示：请不要在树木的树冠区域种植薰衣草，它们无法在那里健康生长。

左图：在这样的创意中，选择可持续长时间开花的多年生植物很重要。

适合大面积种植的持续开花品种

拉丁名称	中文名称	花色	株高
Agastache 'Blue Fortune'	杂种藿香'蓝运'	深蓝	80厘米
Calamintha nepeta	假荆芥风轮菜	浅粉色	40厘米
Coreopsis 'Moonbeam'	轮叶金鸡菊'月光'	硫黄色	50厘米
Erigeron karvinskianus	墨西哥飞蓬	白—粉色	30厘米
Gaura lindheimeri	山桃草	白色	70厘米
Geranium 'Rozanne'	老鹳草'罗珊'	蓝紫色	50厘米
Lavandula 'Hidcote Blue'	薰衣草'蓝色希德寇特'	浓烈的蓝色	60厘米
Linum perenne	宿根亚麻	蓝色	50厘米
Nepeta 'Walker's Low'	荆芥'矮沃克'	蓝紫色	80厘米

充满装饰性的花床

古典地中海式花园以其明确的形态特征博得人们的好感，这在植物的种植方式上也得到体现。用相对较少的植物种类（明显比爱好者花园少很多），也可以在一个规整的花床中搭配出一个令人惊讶的、多样化的植物组合。右图中选择的是耐寒的凤尾兰（*Yucca gloriosa*），这种植物有着强健的浓绿色叶片，这些叶片螺旋状排列，呈放射性展开。但还未开花的凤尾兰给人们的第一印象是严谨的，其坚硬的叶片似乎有保护的作用。因此，这种植物虽然非常美观但很难应用在花园中。如果想发挥凤尾兰的观赏效果，就要与其他植物搭配种植，而不是把其作为一个孤植品种，其相邻植物的选择必须经过谨慎的思考。

凤尾兰和银灰色叶片的植物搭配在一起，可以产生强烈的对比效果。此外，凤尾兰有一个明显的特征——非常具有吸引力的叶片明显比其可生长至2米高的花序要矮很多。

这种在毛蕊花属（*Verbascum*）植物中也存在的差异，给花床的种植带来了困难。因为按照惯例，我们通常会将植物按照生长高度从花床前端开始排成梯队，将较高的植物安置在后排。但凤尾兰如同就是为打破这种相当固定的规则而生的，它们非常适合放置在前景，到了花期人们可以在近处观看到它真正的高潮。在打造多年生植物和灌木组成的混合花境时不要太局限，为植物进行多种可能的组合搭配。

在植物的排列上寻找新的途径

在地中海式花园中，你必须在所选的植物中找到一种特定的节奏，这意味着植物必须重复出现，让整体画面看上去既匀称又让人信服。如果想像右图那样，将一个花盆或雕塑等装饰品放置在中间的话，这点尤其重要。装饰品会和谐地融入混合花境中，但这也代表，植物缤纷的色彩可能会将人们的视线从这件物品身上转移过去。株形纤长的薰衣草在这里作为填充植物，在花床的许多位置都起到稳定的作用，并能衬托其他植物。

除了凤尾兰，一年生的植物将低调的颜色带入花园。金鱼草（*Antirrhinum majus*）很适合这种用途，因为它们能够很好地适应地中海花床中松散的沙质土壤。从5月中旬开始，就可以自己育苗，也可以在花卉市场里买到小苗。枯萎的一年生植物应用花卉市场买来的补给及时进行替代。

种植计划

花床尺寸 4 米 X 3 米

植物列表

1. 5株　凤尾兰（*Yucca gloriosa*）
2. 12株　薰衣草（*Lavandula angustifolia*）
3. 5株　假荆芥（*Nepeta x faassenii*）
4. 3株　牛至（*Origanum vulgare*）
5. 20株　绵毛水苏（*Stachys byzantina*）
6. 9株　杂交金鱼草（*Antirrhinum-Hybriden*）
7. 1株　香叶天竺葵（*Pelargonium-Hybride*）

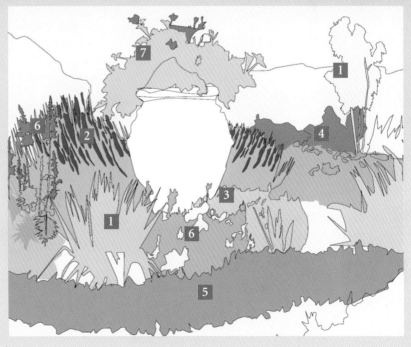

整合装饰元素

早在设计阶段，我们就已经了解到一些可以让植物看上去像艺术品般的设计方法，造型花器是其中一个可能性。当然，你也可以将陶罐或花瓶放在花床中布置成场景。这其实并不难，因为要考虑的就是植物对种植位置的要求以及它们的生长状态。也就是说，外表张扬的植物在使用时必须经过谨慎的考量，以免分散其他装饰品的吸引力。但是如果你想将更多的植物品种组合在一起，难度会稍微大一些。将富有吸引力（尤其是长期开花）的植物围绕着一个造型花器、雕像等去种植，其形状和色彩应当形成一个紧密的联系。引人入胜的对比或完全统一的和谐感是两个极端，你必须选择其一。多参考那些经典的花园设计范例，能够从中找到很多设计灵感。

花床中安置装饰品是一种挑战

在古代的花园中，包括到了后来的文艺复兴时期和巴洛克时期，花园装饰品起到了核心作用。雕塑、花瓶和其他元素当时除了装饰作用，还有其他的用途。很遗憾，这些所谓的雕塑在过去的几个世纪中被扭曲和伪造，以至于我们今天只有在为数不多的古老花园中才能找到这些雕塑有相关的踪迹。在私家花园中，不是每件陶制雕塑都要有特定的用途，但装饰品的放置不应毫无计划。因为装饰品可以完全改变花床的整体印象——极端情况下甚至可以摧毁它。我们经常可以在花园中看到这种现象，这些花园由专业设

左图中的多年生花境中，朴素的双耳瓶看上去非常吸引人。由于植物的色彩对比强烈，双耳瓶自然而低调地退居至背景当中。

我们可以将图中的花瓶这样的古典装饰元素放入一个不正式的花床中，形成一个有趣的对比。请将它与左页图中的花瓶做对比：它们是同一个花瓶！

计师打造，但花园主人未经过深入的咨询，就对其进行装饰，结果却不那么尽如人意，因为这表明他们对花园装饰也许有完全不同的看法。

　　为了不让这样的错误发生，请让植物和装饰品尽量形成统一。给一件漂亮的物品找一个相称的植物组合创意，比反过来要容易。有些材料十分自然，它们与许多植物组合都非常匹配。例如，陶土自然质朴的感觉使其与冷色调及暖色调的植物都能相配。

了解植物习性

　　这也就是为什么了解许多植物的形态、

习性，对于装饰元素的整合是有益的。例如，这些植物是同时开花还是花期不同对于花床的打造十分重要。此外，对植物的生长高度以及它们的枝条冠幅有一定的了解也非常重要——要保证植物不会遮挡装饰品。还有这些植物是否四季都有观赏性，这对于打造花园的一个整体印象非常重要。因此，在种植前多做些准备工作，充分了解想要种植的植物的形态与习性等，有助于我们打造出梦想的花园。

左图：一个经典的小型前院设计——黄杨花床围成的小道中央摆放着一个陶制花瓶。

花床中的现代要素

现代风格的花园设计与古典花园完全不同。不仅明确强调设计重点，减少正式的对比，与经典及古老的花园创意也有明显的差异。在植物的种植上，现代花园设计师也融入了新的概念。1957年移居美国的花园设计师沃尔夫冈·厄莫以及荷兰设计师彼得·欧多尔夫提倡一种接近自然的植物组合种植的方式，它们以独立、相互明确分割的组合形式从花园中独立出来。

可以参照自然中植物的生长形式，它们大多数都是由许多不同种类的植物紧密相连地生长而成的。这种天然、紧密的结构出自于英国著名花园设计师格特鲁德·杰基尔。她也喜欢将植物运用在这种风格之中。在这种动态中，她十分擅长将植物组合成带状或斜角等不规则的形状，并将它们组合配置成一种和谐的态势。同时，花床的立体效果也被加强。如果你去参观一些按常规方式设计的花床，就像那些在20世纪长期受欢迎的壮观花境一样，你会发现，它们看上去更像是一幅随风流动的画。而在现代花园中，立体效果非常重要。特别是如果你将花床用作空间分割之用，例如用于将休闲区与一块碎石地或草坪地面分开，花床从多个角度看上去都非常吸引人，这一点尤为重要。

一些不过膝的低矮植物，也能将花园空间隔开。如果你希望将休闲区打造得适合休憩，却又想保留对花园剩余空间的视野，就可以考虑这样的方案。不一定非得使用高大的植物等来划分空间！

季节性还是持续性

左下角的平面图很好地展示了如何配置植物让整体画面看上去自然。一大丛波斯葱（*Allium christophii*）自然地渗入融合到周围的植群之中。根据花床的大小，后期可以再次或多次地进行这样的重复。波斯葱大概能长到40厘米高，喜爱全日照下的松软土壤。相对于其他的观赏葱品种，它在开完散发金属光芒的花朵后的几个月中，还会非常吸引人，甚至到了秋季还具有观赏性。波斯葱宜在秋季种植，埋下的深度应至少与其自身高度相当，在疏松的土壤中可以埋得更深。在规划一个可以长时间给人带来震撼的视觉效果的球根植物花床时，请将球根与耐寒的多年生植物在初秋一起栽种。在这些球根植物之间可以间植一些株形纤细的一年生植物，它们会在球根植物的花期结束后提供新的色彩，法国薰衣草（*Lavandula stoechas*）和半日花（*Helianthemum*）就十分适宜。

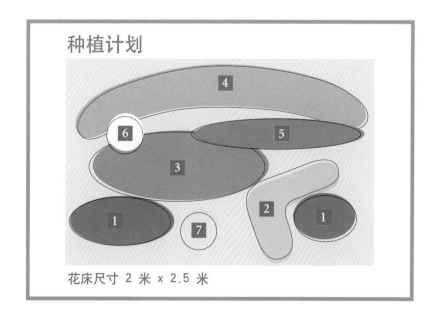

种植计划

花床尺寸 2 米 x 2.5 米

植物列表

1. 6株　法国薰衣草（Lavandula stoechas）
2. 6株　半日花'肉红玫瑰'（Helianthemum 'Rhodanthe carneum'）
3. 30株　观赏葱（Allium 'Firmament'）
4. 5株　总花荆芥'矮沃克'（Nepeta x faassenii 'Walker's Low'）
5. 9株　厚叶岩白菜（Bergenia cordifolia）
6. 1株　蓝燕麦草（Helictotrichon sempervirens）
7. 　　　虞美人（Papaver rhoeas）就地播种

高级色彩

在地中海式花园的设计中，不去强调银色和灰色叶片的植物组成的花床的重要性是不可能的。因为这两种叶片色彩不仅引人注目，而且与地中海式花园完美匹配。在许多炎热及干旱的地区，银色和灰色可以防止植物叶片被灼伤或脱水。一层蜡或一层绒毛可以保护这些植物在干旱的草原或沙漠这样严峻的生存环境下不受死亡的威胁。此外，银色和灰色可以反射阳光——这是一种你可以在自家花园中利用的属性，会让花园显得更加明亮、开阔。美丽的灰叶植物如刺苞菜蓟（*Cynara cardunculus*）、可长到几米高的蓟以及绵毛水苏（*Stachys lanata*），不仅会让花床看上去更高雅，而且，叶片在明亮的阳光照射下会闪闪发光。夜色降临后，叶片还可以反射人工照明的光线如灯光甚至可以反射朦胧的月光增加花园的亮度。维塔·萨克维尔–韦斯特（Vita Sackville-West）和哈罗德·尼克尔森（Harold Nicholson）在西辛赫斯特（Sissinghurst）建造的著名白色花园，也因此被称作月光花园。

西辛赫斯特模式开始流行

西辛赫斯特的白色花园，在过去的几个世纪里，在欧洲以及美洲引领了一次热潮：白花以及银叶的植物很快流行起来，甚至在有的苗圃中脱销了。例如，将柳叶梨纤细的枝条妩媚地搭在小型石质雕塑身上的方式，也要归功于疯狂的西辛赫斯特城堡花园。总

常绿大戟（*Euphorbia characias*）是一种多年生植物。它喜欢沿着花床的边缘生长，作为结构性植物占有一定的优势，其黄绿色的花序在初春会变得显眼。

薰衣草在株形及色彩上与大蓟硬挺的茎干形成鲜明的对比。大蓟会在干燥的花床中自播，但却不会让人厌烦。

体来说，我不是太倾向于单种颜色的花园。因为一个花园应当能够体现园主的个性。我希望，只有少数人的个性会在这样单调的花园中得到体现。因此，大多数花园还是应当丰富多彩。尽管如此，银色和灰色都还是有着不可估量的优势，它们可以与各种色彩相互搭配：作为反射镜，它们会使其他植物的效果得到强化。两者在浅色调下显得极其迷人，浅粉色、嫩黄色以及浅蓝色植物在银叶和灰叶植物周围如同烛光一般柔和。银色还可以让浓郁、炫目的色调如橙色和红色沉静下来。

左图：一个由银叶及灰叶植物形成的组合，看上去既高雅又舒服，其中也可以摆放盆栽植物。

银叶和灰叶植物需要充足阳光

银叶植物大多都耐旱，因此最适合渗透性强的贫瘠土壤。根据它们的原生地可以就可以知道，它们需要种在全阳的位置。在半阴地，它们不需要限制水分蒸发，因而会长出不那么吸引人的叶片。即使你不想在整个花床中都种上银灰色的植物，也可以为这些植物保留一定的空间，它们与其他颜色植物搭配组合的创意，可以使花床有一个戏剧性的转折。在自己的花园中，你可以尽管尝试！

187

家门口的草原

贫瘠的浅薄土层，荒芜的浩瀚草原，干热的风时不时吹过广阔的地面，花草随风摇摆。这些地中海草原风景的画面都是我们在此介绍的地中海草原的范本。如右图中所示，这样一个既富地中海特征、又充满异国风情的种植方式在我们的花园中也可以运用。特别是在向阳、缺乏养分、干旱的地方，草原植物是比需要充足养分的繁花型多年生植物更适合的选择，因为后者在这样的地方需要定期浇水、施肥。像黄色的俄罗斯糙苏（Phlomis russeliana）、紫花猫薄荷（Nepeta x faassenii）、大戟属植物（Euphorbia）以及山桃草（Gaura lindheimeri）这样植物都已经适应了这些严苛的生长条件。

这些植物多原生于渗透性强的贫瘠土壤。乔木和灌木在这样浅层的土壤中无法扎根，久而久之，通风、透光、多花的草原植物就

充满着整个画面。许多原生于草原地区的多年生植物，如穗花婆婆纳（Veronica spicata）、紫色金光菊（Rudbeckia purpurea）、薰衣草或毛蕊花（Verbascum）最后都被驯化种植。如果多加关注的话，不用花多少力气，就可以抓住地中海地区的草原特征并通过丰富的变化运用在花园中。

全年都富有魅力

高矮不等的多年生植物混合而成的草原花园十分具有代表性的。对页图中，首先映入人们眼帘的是富有异国情调的火炬花高高的穗状花序。那些最初源于南非不太干旱地区的，丛生的常绿植物绽放的装饰性花朵在地中海草原花床中是值得被强调的重点。

另一种较高的开花植物是生长高度可达1.5米的黄色俄罗斯糙苏。糙苏是地中海沿岸地区非常普遍的野生植物。凭借其庞大、密集排列的唇形黄色花朵，十分耐寒的俄罗斯糙苏可以给花园带来地中海风情。橙黄色调的火炬花、糙苏及西洋蓍草与蓝紫色调的低矮的丛生观赏鼠尾草、紫花猫薄荷以及薰衣草是右图这片花境的主角。在它们中间不断穿插种植着一些观赏草如新西兰风草（Anemanthele lessoniana）。通过在后方的多年生植物、观赏草及灌木的变化，让花境即便在寒冷的季节也会看上去丰富而有趣。

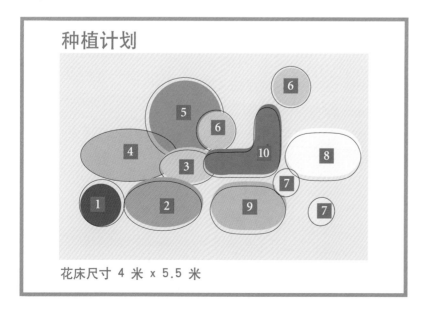

种植计划

花床尺寸 4 米 x 5.5 米

植物列表

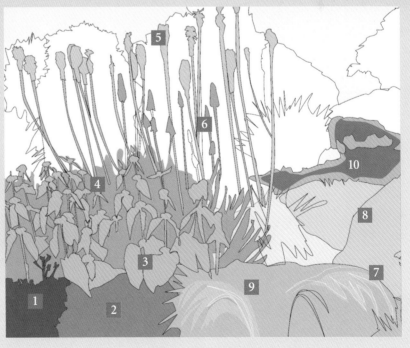

无处不在的和谐

打造美丽的花床是一回事，如何种植植物，使花床与已有的花园设计方案相匹配是另一回事。如果一个成功的种植创意却与整体画面不协调是很可惜的。这在植物爱好者花园虽然是可以原谅的，但在现代花园中，利用植物进行和谐又精确地表达是必要的。如果是有意地在两个景观中打造一种有趣的对比，就不要被那些许许多多的规则影响到你的设计，但应注意，这种对比不要过多地出现在花园中，以保证花园的整体效果和谐、统一。一个花园不同区域之间的关系体现在所使用的建材材质、色彩以及花园建筑与植物的协调，这是对花园观赏效果的一个重要衡量标准，这种协调也决定

了花园的魅力。一个露台是否吸引人，或看上去是否具有魅力，不只是地面铺设或一个视觉屏障的问题，所有参与到花园空间组成的景观元素，都为这份魅力做出了自己的贡献。你在下图中可以看到一个乡间私家花园所着重表现的两点。

植物可以创造出空间

打造一个花园就是在预算内一步步将计划转换为现实。或许在你的花园中也是这样，先从靠房屋近的地方开始打造，然后再慢慢向外延伸。另外，下图也很好地说明了，碎石能够多么和谐地和植物结合在一起。碎石构成的露台通过铺设的地面被油毛毡条分割成许多块同样大小的四方形。植物打散了这种严谨的框架。通过这样的方式，碎石地面

通过植物的通透性达到良好的空间效果，柳叶马鞭草是十分理想的选择，它能持续开花几个月。

一个全日照处的异国风情的碎石花床。图中紫铜色的蓝目菊'火焰'（*Arctotis* 'Flame'）正在盛开，搭配长着巨型叶片的新西兰麻'落日'（*Phormium* 'Sundowner'）。

向草坪充分开放，强调出开阔的感觉。另一方面，通透、株形松散的植物看上去非常舒适，将碎石地面与草坪自然地连接在一起。由多年生开花植物及观赏草组成的地中海花境也许第一眼看上去像是在草原中自然生长的，却是特意按照这样的方式设计种植的。单独的花床中种植了像马其顿川续断（*knautia macedonica*）这样具有统治力的植物，以强调出重点。第二个花床组由一种株形较集中、却在色彩上非常内敛的透骨草属植物（*Cephalaria*）组成，它与马其顿川续断同属，但生长形态比较大。此外，还有大刺芹（*Eryngium giganteum*）、俄罗斯糙苏以及那些有着帷幕般花穗的大针茅（*Stipa gigantea*）。

左图：在这块碎石花床上，植物和环境完美地融合在一起。

透光的高大开花多年生植物

拉丁名	中文名	花色	生长高度
Cephalaria gigantea	大花山萝卜	粉黄色	1.8米
Silberkerze	多枝升麻	白色	1.6米
Stipa gigantea	大针茅	麦黄色	1.6米
Verbena bonariensis	柳叶马鞭草	蓝紫色	1.8米

耐寒的仙人掌花园

植物爱好者对植物都有特别的偏好。例如，很多植物爱好者都很喜欢一年四季都可以在户外的花床开花的仙人掌。如果花园的配置满足这些植物生存所必要的条件，完全有可能实现的。对于所有耐寒的仙人掌来说，为了满足它们的生长需求，选择一个适合的种植位置十分重要。如果要在屋檐下淋不到雨的地方种植植物，仙人掌是一个不错的选择，因为很少有植物可以在那里繁茂地生长。摆放的大石头对于微气候也起到积极的作用。当然，不是每种仙人掌都适合在我们的花园中栽培。生命力最顽强的种类来自南美，在美国南部和西部经常可以看到它们的身影：耐旱的仙人掌及凤尾兰在

亚利桑那州、新墨西哥州及犹他州在海拔1100～3000米的高度之间非常常见。在一些苗圃中，会有许多仙人掌属（*Opuntia*）、圆柱仙人掌属（*Cylindropuntia*）、鹿角柱属（*Echinocereus*）及松球属（*Escobaria*）植物出售。

保持土壤干燥

在智利沿海的科迪勒拉山系地区，阿根廷南部及巴塔哥尼亚也有一些也耐受寒冷气候条件的仙人掌品种。仙人掌类植物对潮湿特别敏感，在户外种仙人掌时必须注意尽量保持土壤干燥。仙人掌需要种在全阳的地方，最好是挡风，且地下没有积水的地方。可以使用含70%矿物质成分（如沙、碎石或碎砖）的土壤。由于这种土壤养分含量非常

你可以用有趣的石头和碎石打造一个完整的沙漠风景。左图中，长生草属植物与耐寒的仙人掌属植物生长在一起。

到了夏季，可以将不耐寒的仙人掌拿出来晒一晒。放在升高式花床上的花盆埋在碎石下面效果会非常好。

低，必须掺入1/3的泥炭或优质壤土，并且将矿物质比例减少至40%~50%。表面5~10厘米的土层应该由保温且渗透性好的纯矿物质土壤组成，因为仙人掌最敏感的部位就是易腐烂的根茎，因此，一定要保证与根茎接触的表层土干燥、温暖。

及时栽种

仙人掌最好的栽种时间是5~8月，但如果土壤条件允许并且植物根团已经形成，就任何时间也都可以栽种。较老的植株只能在5~7月移栽，因为较老的枝条很难长出新根，并且更易腐烂。不同于多年生植物和灌木，耐寒的仙人掌基本不需要浇水——即便是在

左图：一个种植仙人掌属、圆柱仙人掌属和鹿角柱属植物的仙人掌花床——不是在地中海区域而是在德国。这些仙人掌都是耐寒的。

炎热的夏季，每周浇一次水就足够了。耐寒的仙人掌及其伴生植物凤尾兰需肥量大，可以说，没有哪种植物像仙人掌属植物这样会吸干土壤中的养分，缺肥会导致这类植物在几年后枯死。请从4月末开始对这种植物每周施一次适合的液体肥料，然后到了6月只需施少许肥，之后就不需要再施肥了，这样可以让仙人掌属植物完全成熟并在冬季也不会枯死。你也可以选择性地在花床上撒施复合肥，每平方米施20~30克为宜。

充满异国风情的观赏花床

丰富的植物种类、耀眼的色彩，每棵茂密的大树后面充满惊喜，这不是热带雨林的场景，而是一种来自英国和美国的园艺流行趋势。"异域风格"不只是可以在气候温和的地区实现。非常重要的是，这种风格的植物组合高度富于变化，和一般的多年生花床不一样，使观赏者如同置身在原始森林中一般神秘莫测。

为了达到这种效果，植被从前往后按株高排列，的顺序也可以被打破——例如通过在中间插入半高的具有地方特征的植物（如巨无霸玉簪）或者直接在前排种上较高的直立型植物。要打造原始森林的景观效果，就要放弃令人一目了然的植物组合。

在选择植物时也一样。花床中向阳的位置应当留给一年生的开花、观叶植物以及球根植物以打造吸引目光的植物组合效果。色

彩炫目的大丽菊和美人蕉可以在视觉上保证"热度"，橙色和红色的组合在自然环境中会让人感到兴奋。如果你担心这些植物都只能生长在气候温暖的地区的话，你就错了。许多常见的植物如十大功劳以及一些大型乔木经过巧妙地搭配也可以转换成雨林美景。

栽种下列植物必须每年都要认真地进行一次护根：泡桐（*Paulownia tomentosa*）、美国梓树（*Catalpa bignonioides*）、臭椿（*Ailanthus altissima*），它们在短截30厘米后，会在一年内以惊人的速度长出带有巨大叶片的新枝条。充足的养分和偶尔施用的氮肥是保证植物健康生长的前提条件，这在所有大叶的多年生植物身上也能起到神奇的效果。根乃拉草属植物（*Gunnera*）、雨伞草（*Darmera peltata*）、鬼灯檠（*Rodgersia*）都是皮实的大型多年生植物，它们可以覆盖属平方米的地面，并且在土壤水分充足的向阳处也能开花。常绿的广玉兰（*magnolia gradiflora*）、塔基棕榈（*Trachycarpus takil*）和芭蕉（*Musa basjoo*）在采取了相应的防寒措施后也能在寒冷地区存活。

便于补种植物

采取了适当的保护措施后，不耐寒的植物也可以不断地创造精彩，无论是大丽菊还是美人蕉，到了5月之后都可以直接栽入花床，苘麻属植物（*Abutilon*）可以盆栽后连同花盆一起埋入花床之中，并用一年生植物填补间隙。

种植计划

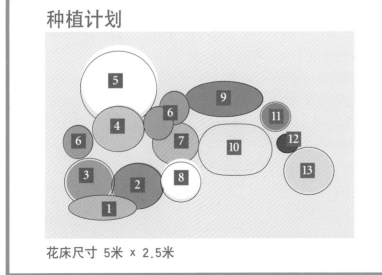

花床尺寸 5米 x 2.5米

植物列表

1. 3株　黄斑大吴风草（*Farfugium japonicum* 'Aure maculatum'）
2. 1株　彩叶草（*Solenostemon-Hybride*）
3. 3株　唐菖蒲属（*Curtonus paniculata*）
4. 1株　花叶苘麻（*Abutilon striatum* 'Thompsonii'）
5. 1株　芭蕉（*Musa bajoo*）
6. 3株　蓖麻（*Ricinus communis*）
7. 3株　美人蕉（*Canna glauca*）
8. 1株　象腿蕉（*Ensete ventricosum*）
9. 1株　柳叶向日葵（*Helianthus salicifolius*）
10. 3株　金丝桃（*Hypericum frondosum*）
11. 1株　火炬花（*Kniphofia northiae*）
12. 2株　光亮半边莲'维多利亚女王'（*Lobelia fulgens* 'Queen Victoria'）
13. 2株　花叶美人蕉（*Canna glauca* 'Striata'）

雨林就在附近

如果注意观察雨林花园的典型特征——充满大叶片的植物和浓郁的花朵色彩，打造出一个雨林氛围的地中海式花园并不难，尤其并且是在黏土含量较高的土壤中。下图中，耐寒的多年生植物与大叶树木如泡桐（*Paulownia tomentosa*）以及广玉兰（*magnolia gradiflora*）组合在一起。

泡桐原生于中国，在地中海地区常被应用于林荫大道。在落叶前，会开出梦幻般的蓝色铃铛形花朵。在气候温和的地方，泡桐非常耐寒，但是在刚种下去的几年内还是需要轻微的防寒措施。常绿的广玉兰来自美洲，早在18世纪就在地中海地区作为观赏乔木应用。它们可以在夏季连续几周开出白色的大型花朵，并散发出令人心旷神怡的清香。在大型苗圃中可以找到耐寒又好看的品种。如果广玉兰生长得过大，也可以适当修剪。广玉兰喜微酸性及中性土壤，但在春季开花的广玉兰也可以在弱碱性土壤中茁壮生长。

花与叶呈现出的色彩

下图中，耐寒的萱草（*Hemerocallis fulva*）和火星花（*Crocosmia* 'Lucifer'）给狭长的花境带来缤纷的色彩：。两者都有细长、雅致的叶片，与大叶植物形成了鲜明的对比。而新西兰麻（*Phormium tenax*）及澳洲朱蕉（*Cordyline australis*）则为花境带来了浓浓的异国风情。新西兰麻的耐性和抗性很强，能经受轻微的霜冻，不受损伤。

日本枫树也可以和异国风情的盆栽植物在一起玩出
新的花样。

耐寒的花园乔木、观赏草与异国风情的棕榈组合在一起
就可以打造出雨林般的效果。

近年来，出现了很多新西兰麻新品种，狭长
的叶片演绎出五彩缤纷的色彩旋律，且生长
高度一般不会超过膝盖，十分适合应用在花
境中。由于这些异国风情的植物不耐受严寒，
我建议，把它们种在花盆里，夏季直接带盆
埋入花园中，冬季挖出移到温暖的室内越冬。
另外，耐寒的阔叶乔木如彩叶的西洋接骨木
也带来了浓浓的地中海风情的色彩。除了接
骨木以外，金边红瑞木（*Cornus alba* 'Spa-
ethii'）也非常适合在花园中栽种。

左图：一个雨林花床看上去就像图中这样：耐寒的
多年生植物和阔叶乔木如泡桐可以形成理想的互补。

通过视觉屏障改变微气候

　　热带花园中较高的植物很适合用作视觉屏障。对
页图中与黑色木栅栏搭配的植物组合有着以下优点：
栅栏形成了一个受保护的地方，白天储存阳光的热量，
并到了晚上释放热量。栅栏或墙体形成的挡风装置十
分重要，特别是对风比较敏感的常绿植物如广玉兰种
植在这些位置就十分有利于生长。

南方的使者

创造性的植物选择

找到适合地中海式花园的植物其实非常容易。即使是阳光较少的地区，也有大量合适的多年生植物和乔灌木可以用来打造地中海氛围。

夹竹桃、龙舌兰、棕榈以及无花果树是地中海异国风情的缩影，在地中海地区没有霜冻的海洋性气候的地方它们可以生长良好。然而，在寒冷地区大多数植物只能以盆栽的方式越冬，才能不受霜冻的影响。近几年期间，无数园艺爱好者的探险精神，使他们对地中海风格越来越感兴趣。目前，大家对棕榈、仙人掌及其他耐寒植物有了越来越多的了解，有助于更好地运用栽植它们。

熟悉的植物与异国风情植物共存

选择我们熟悉的植物品种，也可以使花园变得繁茂。即使花园所在地的气候不太理想，也有许多类型的植物可以生长。特别是多年生植物，一些专业公司不断寻找在花型和花色方面出类拔萃的新型、改良品种。因此，你可以在当地找到许多植物，与地中海风格的设计相互融合开发出全新的效果。可以以意大利、法国南部及西班牙为参考，借鉴它们的做法，因为那里的花园和公园中也生长着大量我们认识的植物和耐受寒冷的植物。

这里介绍的大多数植物在没有防风保护的情况下都可以健康生长，并且其生长规模及习性对于家庭花园再适合不过了。当然也有例外，而我作为植物收藏者也想推荐一些罕见的异国植物；我的个人经验表明，可以去寻找特别的植物品种，并测试出花园微气候的极限。这也就是在这样陌生又神秘的植物世界中从事园艺活动的魅力。

同时在选择植物时也会发现，植物、材料及总体设计方案之间的相互依赖关系。完美的花园就是一个由这些单独区域的相互作用而形成的，富有生命力的综合艺术品。

双距花(*Diascia rige-scens*)：来自南非并且可以持续几个月开花。

银叶和灰叶灌木

1 蓝花莸
Caryopteris x clandonensis

开花：夏末，蓝色　　株高：1.5米

株形松散，从未木质化的当年生枝条的腋生处开出蓝色至蓝紫色花朵。初春大幅度修剪后会大量开花，散发出芬芳的香味。喜阳光充足及土壤渗透性强的环境。优良的品种如有着深蓝色花朵的'天蓝'和'邱园蓝'都非常耐寒。

2 柳叶梨
Pyrus salicifolia

开花：春季，白色　　株高：5米

原产欧洲西南部。非常耐寒的小型落叶乔木或较大型、向外伸展的灌木，枝条一开始笔直生长，后下垂。叶片银灰色，呈细长的椭圆形，远看外形与橄榄树相似，是橄榄树的最佳替代植物。花朵与果实都很小。适合所有花园土壤。喜阳。

3 银叶胡颓子
Elaeagnus commutata

开花：初春，甜香味　　株高：3米

长有革质般叶片的常绿灌木，因品种不同，其约5厘米长的叶片从灰绿色到银色不等。可以修剪成各种造型。喜温暖、向阳、不太肥沃的土壤。一些品种可以形成长匍茎，非常适合在地中海台地花园中起到护坡作用。

4 沙棘
Hippophae rhamnoides

开花：春天　　株高：4米

大型灌木，也可培育成小型乔木。枝条上布满刺和茂密的线型、蓝灰至灰绿色叶片。雌株上会结出富含维生素的果实。适合所有土壤，也能耐受黏性土壤。种植点需在向阳地。

5 沙枣
Elaeagnus angustifolia

开花：初夏　　株高：5米

茂密分叉的大型落叶灌木，或长有吸引人的银色叶片的落叶小乔木。叶片与银叶柳的十分相似，有的树枝带刺。自然生长状态非常入画，很适合进行整枝，打造一种轻松自然的株形。'水银'是一种小型品种，可通过其侧芽繁殖扩大。适合干燥、贫瘠的土壤。

6 丝兰属
丝兰 *Yucca filamentosa*, 凤尾兰 *Y. gloriosa*

开花：夏季，白色　　株高：1米，花序高 2.5米

这类几乎都是常绿的多年生植物。70厘米长的、灰绿色叶片呈放射性排列。花序交错生长。耐寒，无论孤植还是组合种植，都非常适合。彩叶品种较难培植。

银叶多年生植物

1 绵毛水苏
Stachys lanata

开花：夏季　　株高：20～30厘米

地中海花园中最好的地被植物之一。这种通过长匍茎丛生的多年生植物有着约20厘米长的银色叶片，叶表被柔软细毛。60厘米高的花穗引人注目。喜阳，任何土壤皆可生长。品种'棉铃'值得推荐。

2 新疆大鳍蓟
Onopordon acanthium

开花：夏季，粉紫色　　株高：3米

非常引人注目的二年生植物，带刺基生的银白色叶片可长达至40厘米。到了第二年可生长出交错的枝形烛台状花序，高达2.5～3米。花冠粉红色。具粗壮的主根，因此只可在幼苗期移栽。易大量自播。喜充足阳光，亦可耐受黏重的土壤。

3 毛剪秋罗
Lychnis coronaria

开花：初夏至秋季，洋红色
株高：60厘米

叶片银灰色、被细毛的多年生植物。60厘米高的花枝上会在数周后开出深洋红色的花朵。花朵纯白色的'阿尔芭'品种非常美丽。容易自播，是地中海式花园必不可少的植物。

4

⁴ 毛蕊花
Verbascum olympicum (Scrophulariaceae)

开花：夏季，亮黄色　株高：2米

非常美丽的多年生植物，孤植或群植皆可。灰白色叶片可长达40厘米，呈莲座状排列，从中长出高达2米长的花序。亮黄色花朵与白色、布满绒毛的花茎形成鲜明的对比。开完花后，植物往往会死去。喜充足阳光，渗透性土壤。

⁵ 刺苞菜蓟
Cynara cardunculus

开花：夏季，紫色　株高：2.5米

孤植或群植皆可。易通过种子培育。刺菜苞蓟在养分充足的环境，可长出叶片达1.2米长的叶丛。它们不耐受夏季持续不断的干旱。开完花后，植株往往会死去。

5

6

⁶ 蜜花
Melianthus major

开花：夏季，红棕色　株高：1米

一种通常盆栽的植物，在有防护的种植地可培育成引人注目的亚灌木，且不会生长过高。灰绿色的羽状复叶，可长达50厘米，锯齿状叶缘。气候转冷时，可通过提高土壤的排水性及并进行覆盖以达到防寒的效果。

用于绿篱和边饰的植物

1 黄杨
Buxus sempervirens

株高：0.3米～2.5米

常绿观叶灌木。用途广泛，既可作为低矮的边饰植物，也可作为绿篱植物或任其自由生长。黄杨可修剪成各种可以想象得到的造型。但应注意，近几年病害造成了大量黄杨的死亡。在购买时应注意植株是否健康，没有病虫害。

2 齿叶冬青
Ilex crenata

株高：1.5米

小叶卵形的常绿灌木，非常适合修剪造型，在日本多个世纪以来都被用作造型树。品种丰富，寿命很长可作为黄杨的替换树。无法耐受持续的干旱，因此非常贫瘠、干燥的地点是不适合的。

3 曼地亚红豆杉
Taxus media

株高：4米

最适合造型的针叶乔木。非常复杂的造型修剪对于曼地亚红豆杉都是可行的。不同品种的叶片长度从0.4～4厘米不等，颜色区别也较大。枝叶繁复、交叉生长的品种最适合造型。植株的所有部分都有毒。

4 绵杉菊
Santolina chamaecyparissus

开花：夏季，黄色　株高：50厘米

常绿的矮灌木，茎干上交错布满浓密、散发着强烈香味的叶片。全株覆银白色棉毛，近处观察像是小型艺术品。与生长习性及需求相近的薰衣草相比，香味更浓郁。耐寒程度与薰衣草相当，不适合非常寒冷的环境。

5 薰衣草
Lavandula angustifolia

开花：夏季，蓝色、紫红色或白色
株高：80厘米

薰衣草也属于耐寒的花园植物之一。在寒冷和潮湿的冬季，往往容易死亡。土壤越贫瘠，则抵抗力就会越强。薰衣草有大量的品种，其中株形紧凑、深蓝色花朵、银灰色叶片的'希德寇特'依然是最好的品种之一。在初春打顶，可以促进薰衣草生长得更加紧密。

6 葡萄牙桂樱
Prunus lusitanica

开花：初夏，白色　株高：8米

生长快速，常绿的大型灌木或小型乔木。叶片深绿色、革质，长达8厘米。枝叶比普通桂樱交错繁杂得多，并且因其叶片较小更适合造型及绿篱。自然生长的葡萄牙桂樱用作挡风屏障也非常好看。相当耐寒，但最好不要在非常寒冷的地方种植，对叶片生长不利。可以随时大幅度地回剪。

多年生香草植物

1 百里香
Thymus i.S.

开花：夏季，粉色或白色　　株高：5〜30厘米

百里香是一种叶片深绿色，可生长至30厘米高的观赏型香草。这些基干或多或少木质化的小型多年生植物可以用在很多地方，定期修剪可用来作为低矮的边饰。柠檬百里香在石缝隙之间生长良好。所有品种都需要充足的阳光以及沙质土壤。

2 鼠尾草
Salvia officinalis

开花：夏季，蓝紫色　　株高：50厘米

和所有香草一样，鼠尾草喜阳，偏爱渗透性强的土壤。在寒冷地区会受到霜冻的危害，但是其木质化的基干可以再度发芽。彩叶品种更娇气。巴格旦鼠尾草（Berggarten）叶片宽大且抗性很强。鼠尾草不仅可以种在多年生植物花境中，也可用作边饰。

3 牛至
Origanum i.S.

开花：夏季至初秋，粉色　　株高：20〜60厘米

牛至（*Origanum vulgare*）是一种生长非常茂盛、易打理的多年生植物。它在半阴处也可以繁茂生长，用来填补花园空隙。图中长有黄色叶片的矮壮品种'Thumbles'非常好看。花朵呈强烈粉色的亮叶牛至（*Origanum laevigatum*），是一种非常美丽的、花期长的观花型多年生植物。

4 猫薄荷
Nepeta x faassenii

开花：夏季至秋季，蓝紫色、浅粉色和白色
株高：30 〜 80厘米

猫薄荷在多年生植物中属于花期较长的。有些品种可长至80厘米高，冠幅同样可达80厘米，花期几乎可持续至霜冻时期。具有芳香的灰绿色叶片与地中海风格的花园非常匹配。猫薄荷适合各种花园土壤，可耐受黏土含量高的土壤。较高的优秀品种有'矮沃克'（Walker's Low）及'六巨山'(Six Hills Giant)。

5 藿香
Agastache i.S.

开花：夏季至初秋，蓝色至粉红色　　株高：1.2米

这种观花多年生植物有着铁丝般的茎干和优雅的花穗，花期很长。其亮丽的色彩与薰衣草等其他地中海植被非常匹配。最值得信赖的是茴藿香（*Agastache foeniculum*）和藿香（*Agastache rugosa*）这两个品种。图中所展示的是'红运'（Red Fortune）品种，长势不是非常茂盛，群植更好看。藿香喜充足阳光、渗透性强、不太干旱的土壤。

芳香亚灌木

1 互叶醉鱼草
Buddleja alternifolia

开花：初夏，蓝紫色　株高：4米

互叶醉鱼草长有细长、浅灰绿色叶片，其纤细、下垂的枝条被芬芳的花序严密覆盖。互叶醉鱼草不能像其他醉鱼草品种一样每年回剪，必须让其先发育成形，使它的株形得以完全呈现。可以将其培育成藤架上的攀缘植物。互叶醉鱼草喜充足阳光和土壤渗透性强的环境。

2 墨西哥橘
Choisya ternata

开花：春末，白色　株高：2.5米

这种生长浓密的常绿亚灌木在近几年很受热捧。其富有光泽的叶片，在触碰后会散发芬芳的香味，花朵散发出强烈的柑橘花香。光舞墨西哥橘较耐寒。特别耐抗的杂交品种'阿兹特克珍珠'（Aztec Pearl）叶片细长，花期较长。墨西哥橘适合种植在向阳或半阴处，由于其香味浓郁，因此非常适合种在休闲区旁。

3 光叶海州常山
Clerodendrum trichotomum var. *fargesii*

开花：夏末至秋季，白色　株高：4米

光叶海州常山开花较晚，且近处香味浓郁，是非常珍贵的落叶灌木，也可培育成小树。其顶生的聚伞形花序，带有红色花萼。果实较小，散发蓝色金属光泽；叶片暗绿色纸质，卵形，可达15厘米长。光叶海州常山对土壤要求非常苛刻，在向阳的位置比半阴处开花更多、更早。

4 布克木樨
Osmanthus x burkwoodii

开花：夏季，白色　株高：2.5米

布克木樨是枝叶繁密、耐寒的常绿亚灌木。叶片深绿、硬质，约3厘米，非常适合修剪造型。布克木樨的花期较早，建议种植在房屋附近或墙边作绿篱。秋季开花的柊树（*Osmanthus heterophyllus*）会让人想到冬青树。在作者的花园中，红柄木樨（*Osmanthus armatus*）和桂花（*Osmanthus fragrans*）都被证实了是抗性较好的品种。

5 素馨
Jasminum officinale

开花：夏天，白色　株高：3米

这种富有吸引力的攀缘植物不太被人们所熟知。其深绿色羽状叶片很好地衬托出散发强烈芬芳的花朵。素馨需要借外力攀缘，其适中的生长强度也适合精致的凉棚或栏杆。素馨十分耐寒，但喜充足阳光，非黏质的土壤。金叶素馨十分值得推荐。

6 野扇花
Sarcococca confusa

开花：冬季至初春　株高：1.2米

野扇花具有光亮的椭圆形叶片和散发强烈芳香的花朵，是一种常绿亚灌木。比株高只有30厘米、用作地被的羽脉野扇花（*Sarcococca hookeriana* var. humilis）品种生长得更高。野扇花耐阴，喜富有腐殖质的土壤。

落叶乔木和灌木

1 枳
Poncirus trifoliata

开花：春季，白色　株高：3米

枳十分耐寒，对于地中海花园来说必不可少。枳要生长几年后才会进入盛花期。其花朵香味强烈，果实会让人联想到小橘子，但非常硬、不可口；叶片三裂，深绿、有光泽，秋季变黄。枳喜养分充足但渗透性强的土壤，喜充足的阳光。

2 栾树
Koelreuteria paniculata

开花：夏季，黄色　株高：5米

栾树有着异国风情的羽状叶片以及可达30厘米长的花序，是一种极美的落叶乔木，适合孤植。其微红的果实是一种不可多得的装饰品。栾树枝干多，树冠会投下一片舒适的、透光的阴影，十分适合种在休闲区。充足的阳光和良好的土壤条件是栾树健康生长的必要条件。

3 南欧紫荆
Cercis siliquastrum

开花：春季，粉色　株高：5米

南欧紫荆蓝绿色的倒心形叶片表层附有一层淡淡的粉，富有装饰性。枝杈处开小丛状花朵，会在长出叶片之前就会开放。南欧紫荆需要充足阳光及养分充足的土壤。可达3米高的品种'埃文代尔'是一种在小树时就会开很多花的品种，叶片亮绿色，种在小型花园中非常理想。

4 蒙彼利埃槭
Acer monspessulanum

开花：**春季**　株高：**10米**

这种株形开阔的槭树主要分布在地中海区域，喜爱疏松、养分充足的土壤以及充足的阳光。蒙彼利埃槭秋季会变成金黄色的叶片是花园季末的一个亮点。

5 美国皂荚
Gleditsia triacanthos

开花：**初夏，白色**　株高：**15米**

一种幼期生长快速，后期生长速度适中的树木，羽状叶片，枝条布满刺。美国皂荚开阔的株形使其非常适合作为遮阴树种。清香的花朵凋谢后结出可长时间挂在树上的、可达30厘米长的豆荚。一种变种无刺美国皂荚（G.triancanthos var.inermis），亦有一些彩叶品种。

6 红花柽柳
Tamarix tetrandra

开花：**初夏，粉色**　株高：**4米**

落叶观赏型灌木，微小的鳞片状叶片呈深绿色易让人联想到松树或金雀花。淡粉色花朵让枝条向外伸展的红花柽柳给人一种雾朦胧的印象。红花柽柳可以耐受碱性土壤，十分耐旱，非常适合干旱型花园；可承受回剪，但最好让其自由生长。

落叶乔木和灌木

❶ 合欢
Albizia julibrissin

开花：夏季，粉红色　　株高：5米

充满异国风情的树种，树冠拱形，叶片类似蕨类植物。合欢耐寒性惊人，粉扑状的花序十分有特色，是地中海区域受欢迎的行道树。树苗应先在盆中栽培，并在第一年给予防风保护。合欢不喜移栽，因此应当仔细选择种植地，宜选择阳光充足、防风的位置。

❷ 黑桑
Morus nigra

开花：初春　　株高：15米

地中海区域典型的树种，叶片嫩绿色、浅裂，在同一棵树上叶常有不一的分裂。果实熟透以后味道甜美，并且可制成干果。黑桑耐寒性不错，但喜温暖气候，适合各种花园土壤，枝条可承受大幅度回剪。

❸ 木槿
Hibiscus syriacus

开花：盛夏，白色、粉色、蓝紫色或酒红色
株高：2.5米

木槿在地中海地区要到5月才开始发芽，由于花期较晚而变得珍贵，只在温暖的地方会大量开花。优秀品种有开蓝紫色花朵的'蓝鸟'（Blue Bird），蓝紫色花朵和花朵红白相间的'红心'（'Red Heart'）。

4 牡丹
Paeonia suffruticosa

开花：初春，除大红及蓝以外的各种颜色　株高：2米

原生于中国的灌木，花大，叶片有浅槽，十分耐寒。在地中海区域主要生长植物爱好者的花园中。充足的养分、有阳光直射的半阴处是保证牡丹健康生长的条件。

5 杂交栎树
Quercus x libanerris

开花：初春　株高：8米

这种来自地中海区域，由土耳其栎及黎巴嫩栎杂交而得的品种生长快速，树形矮壮，树冠松散，与栓皮栎以及冬青栎相似，因此与地中海式花园非常匹配。这种杂交栎树对土质要求不高，但不喜积水。

6 金叶刺槐
Robinia pseudoacacia

开花：夏季，白色圆锥花序，芬芳　株高：12米

如果你想让花园多些色彩，并且正在找一棵需求不高、生长快速的庭院树木，金叶刺槐绝对能够满足你的要求。它非常易于管理，非常适合阴处，可耐修剪。

常绿乔木

1 地中海柏木
Cupressus sempervirens

株高：15米

这是在意大利种植的典型柱状柏木，近几年才开始地中海柏木。慢慢流行相当耐寒，但是在特别寒冷的地区，应当用外形相似的植物，如修剪得细长的北美香柏'绿闪石'（Thuja Smaragd）替代。一种值得推荐的耐寒品种是针叶散发蓝色金属光泽的蓝冰柏。

2 山茶花
Camellia i.S

开花：春季和秋季，白色、黄色、粉色、红色或多色
株高：3米

山茶花原生于亚洲，却在地中海地区成了受人喜爱的花园植物，在园艺商店可以买到各种花型和花色的品种。山茶花喜酸性的疏松土壤，与杜鹃相似。威廉姆斯杂交山茶花（*Camellia x williamsii*）非常耐寒。在购买前对不同品种的习性及需求进行咨询是必不可少的。茶梅（*Camellia sasanqua*）在秋季开花。

❸ 松树
Pinus sp.

株高：因品种的不同而不同，最高可达15米

松树可作为地中海区域特别常见的，但不够耐寒的意大利松（*Pinus pinea*）的替代植物，有很多品种。不同品种的松针有明显不同。株形树型松散的欧洲赤松非常适合地中海花园，可以咨询较大型的苗圃是否有这个品种出售。

❹ 地中海荚蒾
Viburnum tinus

开花：早春，奶白色，芬芳
株高：3米

常绿树种，枝叶繁茂交错。地中海荚蒾的伞状花序散发出强烈的香味，有时秋季就开始开花。植株会在极端寒冷的冬季完全冻缩，但会从根部迅速重新萌发。地中海荚蒾十分适合造型修剪。

❺ 洒金东瀛珊瑚
Aucuba japonica

开花：春季，浅绿　株高：2米

这种常绿灌木的枝条可长时间保持绿色，革质叶片可长达15厘米，易修剪，可以在大部分地区生长。它们在阴影下也可繁茂生长。

异国植物

❶ 广玉兰
Magnolia grandiflora

开花：夏季 至 秋季，白色   株高：10米

近几年，这种开出盘子大小的芬芳花朵，富有异国风情的植物在地中海地区应用广泛。叶片20厘米长，有光泽，深绿至橄榄绿，这种芳香的乔木十分适合作为树墙。遗憾的是，较为耐寒的品种只在特殊苗圃中获得。广玉兰喜欢养分充足的土壤。和所有常绿乔木一样，广玉兰不可种在暴露、有风及冬季没有阳光的地方。

❷ 金边瑞香
Daphne odora

开花：初春，粉色或白色   株高：1.5米

金边瑞香有强烈的独特香味，一些品种不耐霜冻的带绿金边瑞香。在地中海有很多人种植。藏东瑞香（*Daphne bholua*）和金边瑞香（*Daphne odora*）在受到很好保护的地方值得种植，也可以尝试种植。植株的所有部分都有剧毒。

❸ 无花果树
Ficus carica

开花：早春，隐头花序   株高：3米

无花果在寒冷地区只有非常耐寒的品种才会有结果。幼苗可作为富有装饰性的花园植物使用。它们往往会在冬季冻缩，但在来年春季之内萌发出带有深裂的大型叶片、3米长的枝条。无花果树的生长要求不高，在墙根处也可繁茂生长。

4 芭蕉
Musa basjoo

株高：4米

芭蕉是一种常绿草本植物，叶片可长达2米，宽30厘米，根茎可耐受霜冻，但叶片在零下几摄氏度就会冻死。可通过相应的保护措施帮助茎干越冬，有助于加快来年的发芽速度。芭蕉也会开花，但在地中海生长期过短，果实无法熟透。芭蕉需要很多养分和水分，才能充分展现出其异国情调的效果。

5 洋杨梅
Arbutus unedo

开花：早春，白色　株高：4米

洋杨梅是一种常绿植物。可作为石楠类植物的替代植物，生长到一定程度后，树干会蜕皮，呈现出光滑的质感，蜕去的皮呈美丽的红棕色或灰色。在受保护的地方，酸性、不太黏重的花园土壤中可以繁茂生长。洋杨梅耐修剪并可很好地融入空间环境。

6 结香
Edgeworthia chrysantha

开花：初春，黄色，芬芳　株高：2米

这种来自亚洲的植物可用于制作一种特殊的宣纸。这种落叶、枝条强健的灌木相当耐寒。它在炎热的夏季会大量开花，却不耐旱。

富有异国风情的多年生植物

1 老鼠簕属
Acanthus i.S.

开花：夏季，棕色、粉色、白色　　**株高：**1米

老鼠簕的叶片可长达70厘米，是一种典型的南方多年生植物。其笔直的花序奇异、少刺且成丛出现。老鼠簕喜半阴处养分充足、不太干旱的土壤。除了虾膜花（*Acanthus mollis*）以外，多刺老鼠簕（*Acanthus spinosus*）和极多刺老鼠簕（*Acanthus spinosissimus*）都非常值得推荐。老鼠簕属植物在大多数地区都比较耐寒。

2 杂交百子莲
Agapanthus-Hybriden

开花：盛夏，蓝或白色
株高：60～150厘米

这些美丽的非洲植物是耐寒的，前提是要从多年生植物苗圃购买落叶品种，而不是常绿的盆栽品种。养分充足、渗透性强的土壤以及充足的阳光可以满足它们的生长需求。杂交百子莲的叶片比花序矮，因此，很适合种在花床边缘。

3 雄黄兰
Crocosmia i.S.

开花：夏季，橙红色　　**株高：**50～100厘米

雄黄兰芦苇的丛状叶片看上去十分美观，令人印象深刻。种植时，可将其球茎成排地埋入土壤10厘米深。不太干旱的土壤及充足的阳光可以保证其生长繁茂。一些品种需要防风保护。

4 红鹿子草
Centranthus ruber

开花：**春末至秋季， 粉红色**
株高：**80厘米**

这种喜旱的多年生植物在黏性土壤中生长期很短，但会大量自播。红鹿子草的花期长，可填补混合花境中的空隙。第一轮花期后回剪可以使其迎来新一轮的盛花期。

5 大戟属
Euphorbia i.S.

开花：**初春至夏季， 黄至绿色**
株高：**20～120厘米**

大戟属植物有很多品种，特别适合地中海花园的是那些长有灰绿色至银灰色叶片的耐旱品种。植株有毒，触碰后会对皮肤造成刺激。

6 欧洲柏大戟
Euphorbia cyparissias

开花：**初春至夏季，黄绿色**　株高：**20厘米**

这种大戟在贫瘠的土壤中通过地下的长匍茎快速蔓延。因此它是一种极富吸引力并适合碎石花园及其他干旱地的地被植物。也有叶色较深的优良品种。

喜旱的多年生植物

1 长生草属
Sempervivum i.S.

开花：夏季，粉色或白色
株高：10厘米

多浆植物是可储存水分的植物，在地中海地区较罕见。长生草属无疑是这一类中最好看的。它们适合盆栽、碎石花园，也可种在土墙及凝灰岩质墙上。长生草属植物只需极其少量的水就可以存活。这类植物有着上千个不同的品种，其中还有红叶品种。

2 山桃草
Gaura lindheimeri

开花：夏季至秋季，粉色、白色　　株高：50～100厘米

这种基部木质化的多年生植物喜爱光照充足和干旱的土壤，可以从夏季至霜冻期不知疲倦地开花会大量自播。山桃高挑、纤细的株形在植群中显得格外美丽。与柳叶马鞭草（*Verbena bonariensis*）搭配种在一起也非常理想。

❸ 大针茅
Stipa gigantea

开花：夏季
株高：0.7~1.5米

大针茅是观赏草最好看的品种之一。叶片约40厘米长，长长的圆锥花序基部包藏于叶鞘内。观赏期可长达几个月，因此最好到初春再回剪。充足的阳光及渗透性强的土壤是大针芽生长必需的。

❹ 火炬花
Kniphofia i.S.

开花：夏季，黄白色至橙红色　株高：0.4~1.2米

这种来自南非的多年生植物，因独特的叶片以及色彩丰富的火炬状花序引人注目。许多品种在渗透性好的土壤中较耐寒。与在花园中有着相同种植条件、耐寒的百子莲（*Agapanthus*）种在一起也会很好看。

❺ 柳叶马鞭草
Verbena bonariensis

开花：夏季至秋季　株高：100~150厘米

柳叶马鞭草花期很长，适合各种花园类型。小巧的花朵长在铁丝般的花茎上，十分美观。柳叶马鞭草会自播，因此暂时冻死也会很快得到弥补。喜充足阳光，渗透性强的花园土壤，易于打理。

富有异国风情的盆栽植物

■ 龙舌兰
Beschorneria yuccoides

开花：夏季，红色　株高：1米，花可高达2米

这种植物会让人联想到丝兰，却有相对柔软的绿色叶片，叶片宽可达10厘米。较老的植株可长出显眼、弯曲的红色花序。如丝兰一样，龙舌兰开过花的叶基部分会死去，同时侧边的叶基部分会开出新的花朵。

■ 蓖麻
Ricinus communis

开花：盛夏，交错的圆锥花序，浅红　株高：3米

这种植物在寒冷地区是一年生的，而在热带可长成12米高的大型植株。2月后室内播种，幼苗萌发后再移栽至室外，在理想的条件下，3个月内会长至3米高。其浅红、多裂的叶片可长达70厘米。蓖麻需要大量的水以及充足的养分。

■ 朱缨花
Calliandra tweedii

开花：夏季，红色　株高：2米

长有细嫩、二回羽状复片的亮灰色叶片。到了晚上会合上，在白天缺水的情况下也会如此。朱缨花的枝条柔韧，优雅弯曲着。头状花序含多朵花，在整个夏季都会开放。盆栽时应将放置在温暖的地方。

4 大花天竺葵
Pelargonium grandiflorum i.S.

开花：夏季至秋季，有除了蓝色和黄色以外的所有颜色
株高：30~70厘米

这种多花的盆栽植物对雨水特别敏感，因此在较长的雨季，最好将这些花盆放置在受保护的地方。定期修剪残花和枯叶并定期施肥可促进其大量开花。

5 柑橘属
Citrus i.S.

开花：初夏，白色　　株高：2.5米

所有柑橘属植物都需要黏土含量较高且排水好的土壤。大多数柑橘属植物的果实需要超过一年才能熟透。只要不给植株带来伤害，可大幅度回剪。充足的阳光及定期施肥可使这类植物健康生长。

6 美人蕉
Canna indica i.S.

开花：夏季　　株高：0.6~2.5米

这种多年生热带植物有着粗壮的根茎，甚至可以在干燥的地下不受霜冻的影响越冬。不同品种的株高不同，有的可以长到2.5米高。花朵有着黄色、橙色、粉色或红色上的细微差别，有些是双色的，叶片可长达1米。图中是条纹明显的品种'德班'（Durban）。

经典盆栽植物

1 新西兰麻
Phormium tenax

开花：夏季，浅棕色、绿色　株高：0.6～2米

这种常绿多年生植物有许多品种，叶片的颜色及条纹各不同。新西兰麻可承受轻微的霜冻，因此在气候温和的地区可以尝试种植。

2 夹竹桃
Nerium oleander

开花：夏季，粉色、浅黄、白色
株高：2.5米

这种常绿的多年生植物会在夏季盛开繁花。夹竹桃喜生长在潮湿的地方，需要大量的水分。越冬的环境应当尽量无遮挡以保证充足的光照，因为光照缺乏会导致落叶，只有在回剪后才能重新萌发。夹竹桃植株的所有部分都有毒。

3 松红梅
Leptospermum scoparium

开花：初夏，粉色　株高：2米

这种来自新西兰的常绿多年生植物很适合在地中海地区生长。微小的针状叶片可以完美地衬托花朵，观赏效果好。盆栽的松红梅不需要太多水分，土壤排水性良好非常重要。

4 蓝雪花
Plumbago auriculata

开花：夏季，天蓝色　株高：至2米

蓝雪花的花朵天蓝色，具黏腺，枝条柔韧、棱角分明，可很好地牵引至藤架或拱门之上，在整个夏季都枝繁叶茂。作为多年生植物栽培时可剪去其较长的枝条，使其生长更紧密。喜阳，生长速度快。

5 紫薇
Lagerstroemia indica

开花：夏季，粉色总状花序
株高：4米

紫薇是一种大型灌木或小型乔木。其树皮光滑，在受到很好保护的地方也可以越冬。盆栽需要很大的地方，才能完全展现它的美丽。年轻的植株只会少量开花。

6 香桃木
Myrtus communis

开花：夏季，白色　株高：2米

香桃木对霜冻非常敏感，因此只能盆栽，非常适合造型修剪，种在陶盆中与地中海式花园非常匹配。香桃木的根需要充足的水分，根系缺水会导致落叶，枝条干瘪。

耐寒的仙人掌

⧈ 少刺虾

Echinocereus triglochidiatus

开花：夏季，红色　株高：40厘米

一种长势良好的野生仙人掌，可形成强壮的刺座。开花较多，花朵为鲜艳的红色。少刺虾可耐受−20℃的严寒，但要注意排水，避免植株腐烂，在屋檐下的碎石花床种植最为合适。

⧉ 绯虾

Echinocereus coccineus var.paucispinus

开花：夏季，橙色、红色　株高：30厘米

绯虾习性强健，5～30厘米高，可形成低矮的刺座，10年后直径可达30厘米。绯虾易开花，花后结很大的红色果实，果肉呈白色，味道可口。可承受−20℃的严寒，但要注意遮雨，避免植株腐烂。

⧊ 惠普尔氏仙人掌

Cylindropuntia whipplei

开花：夏季，浅绿　株高：50厘米

这种小型多年生植物生长较慢，可承受−20℃的严寒，但在冬季需要采取防雨措施。惠普尔氏仙人掌3～5年后会定期开出浅绿色的花朵。

4 杂交多刺仙人掌
Opuntia X polyacantha var. hystricina

开花：夏季，粉紫色　　株高：30～40厘米

这种仙人掌生长缓慢，花朵艳丽，但花朵数量有限。可耐受−20℃低温，且不需要特意进行遮雨保护。种在仙人掌花园及碎石花床中都非常理想，盆栽也很合适。

5 丽光丸
Echinocereus reichenbachii

开花：初夏，亮粉色　　株高：30厘米

丽光丸株型较小，长有白刺，早期就可开出较大的花朵，是生长较快的仙人掌。高5～30厘米，移栽至户外会形成垫状，可承受−20℃低温。

6 朝日团扇
Opuntia x fragilis

开花：夏季，亮黄色　　株高：30厘米

长势强健的仙人掌属植物，大量开花，可耐受−25℃低温，且不需要遮雨防护。朝日团扇对于新手来说绝对是值得推荐的植物品种，也是户外仙人掌花床中必需的品种。

耐寒的棕榈

① 蓝棕榈
Camaerops humilis var. sericea

耐寒极限：—15℃　　株高：5米

这种异常美丽的植物以其紧凑的株形及银蓝色、泛着白色光泽的扇形叶片著称，与绿叶品种（*Camaerops humilis var.humilis*）形成差异。

② 棕榈
Trachycarpus fortunei

耐寒极限：—17 ～ —12℃　　株高：10米

这是中欧地区最著名且种植最多的棕榈品种。其独立的树干会发育成瘦长型，而到了老龄阶段，顶部会完全被叶基的棕色纤维所覆盖。丰满的树冠由20～40片深绿色的扇形叶片组成，生长良好的植株树冠叶片甚至可达100片。

③ 刺棕

Rhapidophyllum hystrix

耐寒极限：−24～−12℃　　株高：3米

刺棕是一种矮壮、生长缓慢的棕榈，是最耐寒的棕榈品种。它会形成一个密布深色纤维与25厘米长的黑刺的树干。叶片丛生，呈扇形。树龄3~4年的植株会长出第一批刺，较大的植株往往会在基部形成长匍茎。

④ 小箬棕

Sabal Palmetto

耐寒极限：−20～−12℃
株高：3米

小箬棕是一种大部分树干埋在地下的树丛状棕榈，只有在很少的情况下，才会形成一根笔直、细小的树干。小箬棕在所有菜棕属中最为耐寒，自然生长状态下可耐受−20℃的低温。

⑤ 巴西扇榈

Trachycarpus wagnerianus

耐寒极限：−17～−12℃　　株高：5米

这种植物的叶片细长、非常硬，就像把打开的扇子，直径可达75厘米，非常容易辨认。与棕榈相比更小、更为坚硬的扇形叶片有着对风雪所造成的伤害不那么敏感的优势。

图书在版编目（ＣＩＰ）数据

地中海式花园设计 / (德) 基普著；杨柯译. —— 武
汉：湖北科学技术出版社, 2017.1
　（花园设计系列）
　ISBN 978-7-5352-7640-7

　Ⅰ.①地… Ⅱ.①基… ②杨… Ⅲ.①花园 – 园林设
计 Ⅳ.①TU986.2

中国版本图书馆CIP数据核字(2015)第223919号

责任编辑	张丽婷	
封面设计	戴　旻	
责任印制	朱　萍	
出版发行	湖北科学技术出版社	
地　　址	武汉市雄楚大街268号	
	（湖北出版文化城B座13~14楼）	
邮　　编	430070	
电　　话	027-87679468	
网　　址	http://www.hbstp.com.cn	
印　　刷	武汉市金港彩印有限公司	
邮　　编	430023	
开　　本	889×1194　1/16	
印　　张	14.5	
字　　数	300千字	
版　　次	2017年1月第1版	
	2017年1月第1次印刷	
定　　价	98.00元